多肉植物

完全图鉴

壹号图编辑部　编著

江苏凤凰科学技术出版社
·南京·

图书在版编目（CIP）数据

多肉植物完全图鉴 / 壹号图编辑部编著 . -- 南京：江苏凤凰科学技术出版社，2019.6（2020.11 重印）
ISBN 978-7-5713-0078-4

Ⅰ. ①多… Ⅱ. ①壹… Ⅲ. ①多浆植物—图集 Ⅳ. ① S682.33-64

中国版本图书馆 CIP 数据核字（2019）第 011722 号

多肉植物完全图鉴

编　　著	壹号图编辑部
责任编辑	陈　艺
责任校对	郝慧华
责任监制	方　晨
出版发行	江苏凤凰科学技术出版社
出版社地址	南京市湖南路 1 号 A 楼，邮编：210009
出版社网址	http://www.pspress.cn
印　　刷	北京博海升彩色印刷有限公司
开　　本	718 mm × 1000 mm　1/12
印　　张	20
字　　数	200 000
版　　次	2019年6月第1版
印　　次	2020年11月第2次印刷
标准书号	ISBN 978-7-5713-0078-4
定　　价	49.80元

前言 FOREWORD

多肉植物是指根、茎、叶三种营养器官某一部分肥厚多汁的植物，它们拥有发达的薄壁组织用以贮藏水分。多肉植物绝大多数生长在气候干旱的地区，降雨稀少，蒸发旺盛。植物为了适应这样的生存环境，进化出了超强的水分贮藏能力，以维持生命。虽然人们通常把这类植物称之为沙漠植物或沙生植物，但这其实并不准确。因为沙漠里不都是多肉植物，还有其他种类的植物，而多肉植物虽然主要生长在沙漠地区，但沙漠也并不是它们的唯一生长地。

全世界共有1万多种多肉植物，可分几十科属。常见的可栽培品种一般隶属于景天科、仙人掌科、百合科、番杏科、大戟科、龙舌兰科、马齿苋科、萝藦科和夹竹桃科等，如景天科的八宝景天、仙人掌科的昙花、百合科的芦荟、番杏科的生石花、龙舌兰科的厚叶龙舌兰、马齿苋科的马齿苋、萝藦科的心叶球兰、夹竹桃科的沙漠玫瑰等。

多肉植物由于长期生活在干旱环境中，从而进化出了独特的营养器官。叶子虽然在大多数多肉植物中仍存在，但已不同程度地肉质化了，还有一些仙人掌科植物的叶子退化为针状，甚至有少数大戟科植物的叶子早早脱落，仅留下痕迹。多肉植物的茎也是千差万别，有的茎代替叶成为光合作用的主要器官，有的则成为一种象征性存在或完全消失。此外，还有一些多肉植物则具有自己的独特器官，如仙人掌类的刺座等。在描述多肉植物的形态时，本书会将其一一列出。

近年来，越来越多的人开始热衷养花种草，而多肉植物，或圆润可爱，或古朴典雅，或颜色鲜艳，或身姿妖娆，再加上好养、易活、易打理的特性，受到了广大花草爱好者的喜爱，并成为家庭栽培植物的新宠。但除了仙人掌、芦荟等个别品种，人们对多数多肉植物还是比较陌生的。鉴于此，本书将较为全面地介绍多肉植物，帮助你了解多肉植物的基础知识，包括多肉植物的市场分析、共性特征、品种分类、养护常识等。此外，本书根据多肉植物的科属进行分类，详细介绍了每一种多肉植物的别名、属名、产地、种植要求、形态特征和栽培特点等，希望能对多肉爱好者有所裨益。

目录 CONTENTS

CHAPTER 03
百合科多肉植物

CHAPTER 04
大戟科多肉植物

CHAPTER 05
景天科多肉植物

CHAPTER 06

番杏科多肉植物

CHAPTER 07

仙人掌科多肉植物

CHAPTER 08

其他科多肉植物

CHAPTER 01

迷你萌物之 多肉植物

第一眼看到多肉植物，心就被它们所萌化。从好奇到认识、了解，再到尝试种植，肉友们就这样一点一点爱上了多肉植物。将这样一盆充满生命力的植物放在眼前，可以让你体会到生活的无限乐趣。先来简单了解一下这些美丽的生命吧，你总会找到一种彰显自己个性的植物！

办公室里有个“后花园”

近几年来，全国各地报纸的生活版面都有多肉植物的报道。

如《三峡商报》报道：如果你细心观察，就会发现最近很多女士的办公桌上出现了越来越多的多肉植物。这种植物不仅样子可爱，连名字也非常萌。用这些多肉植物打造成的形态各异的微型盆景，深受年轻白领的喜欢。

《羊城晚报》报道：三月的广州是生机勃勃的春季，此时最适合亲手种盆栽，为自己的生活增添点绿意和乐趣。多肉植物以憨厚可爱的外形和极易打理的特质“俘虏”了众多时尚白领的心。

《东北网》报道：种植花草不再是老年人的专利，不少沈阳白领都开始栽培多肉植物。有的“发烧友”的办公桌上，小小几盆多肉植物价格高达几千元，甚至超过了身边的手机、笔记本电脑的价格。

在办公桌上摆上一盆多肉植物，既保护了视力，又丰富了办公室生活，现已成为公司白领的一种新时尚。工作之余，观察一下生石花长大了没有，顺手摸一摸仙人掌的刺，看着憨态可掬的立田锦傻笑一阵……办公室作为一个严肃的场合，较少有乐趣，多肉植物丰富的种类和外形特征足以让你找到工作之外的乐趣，有时候一盆可爱的小生命就能慰藉我们疲惫的心灵。上班族爱多肉植物的原因归纳起来可总结为一句话：它们总在为我们的生活制造着乐趣。

多肉植物掀起网购热

白领们整日坐在办公室，周末又用来消遣和休息，网络就成了多肉植物销售的主要渠道。由于实体花店和苗圃在国内尚未有大规模的种植，品种又很少，专门出售多肉植物的实体店还未形成规模。另外，年轻人都爱上网，孕育了一批自称“剁手族”的网购达人，因此，网购多肉植物便流行起来了。正如一个肉友所说：“网上多肉植物店铺很多，种类全，又便宜，为什么不从网上购买呢？”

基于以上种种因素，网购多肉植物异常火爆。在淘宝网上搜索“多肉植物”，显示商品 30 多万件，店铺近万家。按销量进行排名，有的店铺月销售量可达数万件，评论达数千条。卖家声称，有些比较抢手的品种，如虹之玉、雅乐之舞、乙女心等，春天时经常会断货。由于多肉植物繁殖比较慢，有时候还没有繁殖出来，买家就急不可耐地催货。如一家专卖多肉植物的淘宝店，一个里面种上几棵多肉植物的迷你小花盆，可卖到 86 元，一个月就能卖 600 多盆。

除了多肉植物植株，与之相关的商品，如进口的多肉植物种子、迷你花盆、多肉植物专用土、多肉植物常用工具，乃至一些常跟多肉植物配套的小玩偶等，也非常热销。

在网购之余，一些爱好者还热情地为大家总结网购多肉植物的经验，比如买之前充分了解植物的特点和习性，问清标价是按株卖还是按直径卖，等等。因此，很多人在种植之前就已经掌握了很多与多肉植物有关的知识，种植起来也轻松上手，更容易激发“养肉”的热情。如果是新手，最好在种植之初，选择一些价格较低、易活好养的品种，如玉露、金星等。即使种植过程不太成功，也不会损失太大。任何事情都不是一蹴而就的，大师也不是一日练成的，只有循序渐进地不断学习，才能取得成功。

“萌”出一个大市场

随着多肉植物的热销，多肉植物的价格也水涨船高。一个种植了四五棵多肉植物的迷你组合盆栽，售价近百元，如此高价的组合盆栽月销售量也有数百份！在市场规律的作用下，地球人已经无法抵抗多肉植物之“萌”了。

由于繁殖方式简单，一个 3 ~ 5 棵的组合盆栽，成本不到 10 元钱，但通过组合搭配的方式，能卖到八九十元，可称得上暴利。对广大“肉迷”们来说，小巧可爱的多肉植物带给他们的欢乐远胜于舍去百十元钱，因而多肉植物的市场需求量也在不断上升。有些痴迷于多肉植物的白领，甚至不惜辞去高薪工作，转而成为销售多肉植物的小老板。一位毕业于华中农业大学林学专业的学生，工作 2 年后辞去高薪工作，和女朋友一起开了家绿植店，主要经营多肉植物。这样既可满足自己的爱好，又能生存发展，轻轻松松、开开心心地踏上新的人生征程。

还有一些“肉迷”不满足于现有市场的多肉植物，将目光转移到国外，猎取新品种。一方面催生了多肉植物的网络代购，另一方面，也迫使多肉植物店铺的老板们另辟蹊径，重新对多肉植物进行培育，或者将进口植物与本土植物结合繁殖，然后以更高的价格出售。

多肉植物新株和老株的价格差异很大，新株每盆几十元即可，而培育了 3 ~ 5 年的老株，价格则可达上百元至上千元不等。如果一盆多肉植物养了 2 ~ 3 年，植株娇小，熊爪似的叶子也就七八片，这样价格就达上百元。而那些中型或大型多肉植物，如果形态较好、栽植时间更长，那价格就可达几百元甚至上千元。

总之，我们无法抵御多肉植物的美丽，也无法遏制广大“肉迷”对多肉植物的喜爱，更无法违背市场规律，抵挡多肉植物的热销。这场“养肉”风，注定会热烈地刮进我们的生活。

多肉植物，有生命的工艺品

多肉植物之所以热销，是因为有一大批痴迷于种植多肉植物的“发烧友”。朋友圈中种植多肉植物数年的人不在少数，甚至有人放下高薪工作，专门承包大棚，成了专门栽培多肉植物的“农民”。你若问他们为何如此钟爱多肉植物，他们会告诉你：我爱生命的美丽。多肉植物或梦幻，或鬼魅，或俏皮可爱，或姿态万千，无一不彰显着生命的魅力，它们就是一件件有生命的工艺品，让人无法不爱。

多肉植物形态各有特点，而且绝大多数多肉植物的形态都打破了我们对常规植物的认识，充满奇趣，这也是多肉植物广受欢迎的重要原因。下面就让我们来看看多肉植物都有哪些令人称奇的地方吧！

形状多样的茎

传统上，根据贮水组织部位的不同，将多肉植物分为叶多肉植物、茎多肉植物、茎干状多肉植物三类，其中茎多肉植物、茎干状多肉植物的观赏点主要在于茎部。

茎具有输导营养物质和水分的作用，茎多肉植物的营养物质主要在茎部，所以肉质部分主要集中的茎部，给人肉墩墩、肥嘟嘟的感觉，煞是可爱。

如大戟科的晃玉，植株是一个标准的球形，圆鼓鼓的球状就是它的茎，非常可爱。难能可贵的是，这

还是一个有 8 条棱的球球，棱边上有褐色的小钝齿，球球的表皮上有红褐色纵横交错的条纹，看起来就像是人工精心雕琢的一件宝贝。

再如将军阁，它是一种低矮的圆柱形多肉植物，但这并不影响它的美观，肉乎乎的茎和分枝反而为植株增添了一抹调皮的味道。将它放到阳台或几案上，给人清新典雅的感觉，风格独特。

大戟科的贵青玉、玻璃晃等，都属于茎多肉植物，前者茎部为球形，后者茎呈短圆筒形，并具有排列整齐的长疣突，非常别致。

除了大戟科，萝藦科也是茎多肉植物的典型代表。如萝藦科的紫龙角，乍一看似乎令人难以亲近——它长着一身大刺，好像在神气地说："别惹我！"但你用手去摸一摸它，肉乎乎的身体却是软软的，还会开像星星一样的深褐红色花呢！

茎干状多肉植物又叫块茎类或块根类多肉植物，因肉质集中在茎的基部而得名，这就造就了它们茎基膨大的特点。因种类的不同，它们的茎基形状也不同，有球状体，有近似球状体，有块状体等。由于茎干状多肉植物生长缓慢，不易繁殖，所以价格一般比较高，很多爱好者都将这类植物当作收藏品进行收集栽培。

茎干状多肉植物主要集中在薯蓣科和葫芦科。如薯蓣科的龟甲龙，它的茎基为龟裂的多边形瘤块，像龟甲一样，非常好玩。葫芦科的睡布袋，也是块根植物，但茎块部分非常大，直径可达 1 米，像一块大石头，摸上去光溜溜、硬邦邦的，外形像一个放倒在地上的大布袋，又像一个大肚皮和尚，看起来非常新奇。除了薯蓣科和葫芦科，夹竹桃科的惠比须笑也属于茎干状多肉植物中的一员。这种植物的根茎为不规则的膨大的肉质，外形很像马铃薯，不过茎表皮有不规则突起和皮刺。除此之外，非洲霸王树、白马城等，也是常见的茎干状多肉植物。

独特多变的叶

我们常见的植物，赏花的居多，牡丹花的雍容，菊花的淡雅，芍药的热情，莲花的圣洁，等等，都令人惊叹。然而提起它们的叶子，却很难为我们留下什么深刻的印象。多肉植物就不同了，叶的高度肉质化是其典型特征之一，叶多肉植物在多肉植物中占有很大比重。因科属和种类的不同，造就了它们风格多变的叶子。

莲座状叶是叶多肉植物中的一大种类，这类多肉植物主要集中在石莲花属，如玉蝶、黑王子、大和锦、雪莲等。除了石莲花属，其他科属也有很多莲花状叶的多肉植物，如景天科的冬美人、宝石花等，叶子肥厚，像一朵永不凋谢的莲花，深受“肉迷”们的喜爱。

还有一些多肉植物的叶，简直可用“奇观”来形容，如生石花。这个小东西的茎很短，几乎看不见，因此又有“屁股花”的别称。但它最令人难忘的是另一个美誉：有生命的石头。因为它肥厚的叶子就像一颗颗小石头，偏偏这些小石头又将“脑袋”扎在一起，像一堆聚拢在一起的小石头，因常生活于岩床缝隙、石砾之中，跟周围的石头混合在一起，若非到了花季它在“石头”缝隙中开出黄、白、粉等色的花朵，谁也想象不到这也是一种植物。将生石花摆放在阳台或书房，会给人带来很多新奇的乐趣。

再如番杏科的碧光环，有着“小兔子”的别称。至于为什么叫这个名字，你看到它就明白了。它的叶子半透明，一片一片地竖起来，像小兔子的耳朵，非常可爱。若是一大群“小兔子”矗立在你的面前呢？

将它们放在书桌上，当你工作劳累的时候，看到这群绿油油又憨态可掬的“小兔子”，相信你的心情会放松不少。

还有景天科的熊童子。它的叶片不但像熊爪，而且叶片上有很多小茸毛，非常可爱。一只只“熊掌”交互对生，非常有趣，让人不禁怀疑这可爱到逆天的植物是怎样形成的。

还有的叶子形状已经非常奇特了，更奇特的是它的色泽，如百合科的玉露。它的叶子晶莹剔透，让人忍不住想要捏爆它，可是看到它们那么可爱地簇拥在你面前，你又于心不忍，真是让人又爱又怜。

除此之外，还有各式各样叶子奇特的多肉植物：披针形叶的库珀天锦章，心形叶的亚森丹斯树，剑形叶的木立芦荟，三角形叶的翡翠殿，球形叶的翡翠玉，马鞍形叶子的天使，圆筒形叶的筒叶花月，镰刀形叶的神刀，圆头形叶的玉椿，三角柱状叶的夕波，棍棒

状叶的大型玉露，扇形叶的扇雀，船形叶的特玉莲，带状叶的百岁兰，线形叶的小松绿……总之，你不能用常规思维去想象多肉植物的叶子，它们常常会令你大吃一惊：哇！世界上竟然还有这样的植物！

奇特的地方不仅仅是叶多肉植物的叶子形状，叶子的厚度、叶子的色彩变化，也是令人称奇的地方。有的多肉植物叶子厚达 5 厘米，如百合科的卧牛，叶子的形状和厚度简直像牛的舌头！再如五色万代锦，真是名副其实，它的叶子中间为黄绿色，两边为墨绿色，边缘为黄色，多彩的叶子简直比我们常见的花儿还要漂亮许多，更何况还有一些不常见的叶色呢！紫黑色叶片的黑法师，黑紫色叶片的黑王子，鲜红色叶片的火祭，以及众多色彩艳丽多变的斑锦品种，将它们一一呈现在你面前，恐怕你的嘴巴都合不拢了，这哪里还是我们平常所认知的叶子？

每种多肉植物都是一个独特的小生命，去寻找你喜欢的那一份独特吧！

靓丽斑斓的花

我们都知道，花是植物的繁殖器官。作为一种高等植物，多肉植物怎么会没有花这样重要的器官呢？为了繁衍下一代，多肉植物同样需要花朵来吸引昆虫来传播花粉。然而，肉墩墩的茎、肥厚美丽的叶子已经为多肉植物带来足够的吸引力了，它们的花是不是就没有可观赏性了呢？非也！

多肉植物涉及的科属非常多，原产地分布也很广，在原产地多样化气候的影响下，多肉植物的花也是多种多样的。

就花的形状来说，多肉植物的花形和叶形一样复杂多变。如果说你看到四海波、露草的雏菊状花还不足为奇，看到少将从中缝中开出羞答答的雏菊状花也未给予足够的重视时，那么，当你看到大花犀角——像海星一样的星状花时，是不是有一点点兴趣了呢？当你看到仙女之舞的坛状花时，大家完全相信你的惊讶不是伪装的。接下来，不夜城的筒状花、紫龙角的钟状花、铜绿麒麟的杯状花、沙漠玫瑰的盘状花、爱之蔓的灯笼状花等，是不是让你眼花缭乱了呢？不错，这就是多肉植物带给我们的另一重惊喜，这些肉乎乎的“工艺品”，竟然开花了呢！

就花的颜色来说，多肉植物的花色之美丝毫不亚于我们常见的植物，用五彩斑斓来形容一点也不为过：红色边缘乳白色花心的，那是美丽的沙漠玫瑰；紫红色的“小雏菊”，那是紫晃星；淡黄色给人淡雅之感的，那是雷童花在兀自散发着芬芳；那一抹金黄色的小清新，是天女的花在含笑；那一簇簇黄色丽影，是惠比须笑在“招蜂引蝶”；那朵高高矗立在风中的粉红色花朵，来自于桀骜不驯的重扇；还有黄绿色的孔雀球、大红色的虎刺梅、乳白色的非洲霸王树、白色的火祭、橙黄色的短叶雀舌兰、橙红色的索马里芦荟、深褐红色的紫龙角、淡紫褐色的吊金钱、绿色的翡翠阁……看着这些五颜六色的花长着千奇百怪的“身体”，你只能再一次感叹大自然的神奇。

由于多肉植物种类非常丰富，不同种类的多肉植物开出的花朵大小和数目也不尽相同。大花犀角的花朵算是多肉植物中比较大的了，花径长达 35 厘米，花朵可达 5 厘米厚，这样一个又大又厚的“星星”矗立在肥嘟嘟的茎秆中，也是一道很壮观的风景了。同样是多肉植物，螺旋麒麟的花朵却非常小，只有 3 毫米左右，着生在肉质茎的顶部或上部，权当点缀罢了。就多肉植物花朵的数目来说，多的可达上千朵，如龙舌兰，其花序可达 3 米，上面开着密密麻麻的花；花朵数目少的如天使，只开孤零零的一朵花，但谁让人家的叶子比花还吸引人呢！

形状多样的茎，独特多变的叶，靓丽斑斓的花，无论哪一个元素，都可形成一道独立的风景，何况三者合一呢？由于具有肥厚多汁的特点，各种各样的多肉植物就是各种神奇美丽的生命体，或雄壮威武，或俏皮可爱，或梦幻，或鬼魅，兼具美丽和生机双重特性，已经成为时尚的象征。

将这样一盆盆形态各异、色彩缤纷的多肉植物摆放在书架上，阅读的时候，你会更觉生命的美好；摆放在阳台上，抬头望窗外，你会更感恩上苍的恩赐；摆放在庭院，抬眼望去，万物井然有序，你会更感生命的奇特。多肉植物，它的美，它的娇，它的生机，一定会让你感受到生命的无限乐趣。

生活中无处不在的小萌物

植物对我们生活的影响不外乎美化环境，这是多数人都能想到的。除此之外还能有什么影响呢？这也是多数人的疑问。然而，种植多肉植物数年后你就会明白，多肉植物对于我们生活的影响，绝不仅仅是美化环境这么简单。

精神寄托处，释放压力的良方

朋友圈中有一个接触多肉植物已有 3 年的，大家都称他为“王导”。王导是一名陈列督导，每天琐碎工作很多，既要管理客户，又要分析货品，还要做好店铺陈列的工作，工作量非常大，压力也随之而来，他感觉每天都有做不完的工作。一个偶然的机会，他接触了多肉植物，一下子就喜欢上了多肉植物的萌态，开始一小盆一小盆地买着养，随着种植经验的丰富和对多肉植物了解的增多，他开始尝试着在碗里、盘子里、烟灰缸里种植多肉植物，一有机会就对他的各种植物进行搭配。种植和摆弄多肉植物渐渐占据了他的闲暇时间，而他也在摆弄这些“可爱的小精灵”中获得了心灵的平静。

还有一位从机关单位退下来的陈老，之前一直身居高位，为人比较严肃，也没有什么娱乐爱好，退休之后空余时间多了数倍，退休的失落加上终日无事可做使得他郁郁寡欢，直到接触了多肉植物，他才重新焕发出活力。现在，他专门辟出来一块空地种植多肉植物。除了一日三餐，剩余时间几乎都在摆弄这些植物，陪多肉植物的时间多过陪家人。陈老终日研究每种多肉植物的习性，尝试着培育新品种，忙得不亦乐乎，人也开朗了许多。现在，他的“植物园”已经成为一个颇具规模的小型多肉植物馆，市面上常见的多肉植物品种这里都有。

将多肉植物视为精神寄托的人不在少数。现代人生活节奏快，生活压力大，排解压力的方式多种多样，有的人喜欢养狗、养猫，有的人喜欢养鱼，有的人喜欢打游戏。还有一些人，尤其是年轻的白领一族，爱上了多肉植物，多肉植物也像喵星人、汪星人一样成为他们心中的“萌宠”。大家不但通过网络打造属于“肉友”们自己的兴趣圈，分享交流种植心得，还定期不定期地在线下组织会面活动，传授自己的种植经验，展示自己精心培育的新品种。正如一位朋友所说：“养多肉植物不仅像集邮、听音乐一样是个人兴趣，还是一种减压方式。”对大家来说，种植多肉植物已经成

为生活中不可缺少的重要组成部分。

与常见的宠物如猫、狗相比，多肉植物虽然不能与种植者产生互动，但当你工作累了的时候，抬起头来看到办公桌上肥嘟嘟的茎，莲座状的肥厚叶子以及精致而独特的花，不正是多肉植物对你无声的示好吗？它们不能言，却能时时刻刻还给人们轻松惬意的休闲，这对于紧张的生活来说，已是一种放松。难怪有人说：“一入肉坑深似海，从此钱君是路人。”

装饰家居，方寸空间藏乾坤

同样是养植物，养多肉植物比养一般植物还多一个好处：占地方小，装饰性强，方寸空间就能打造出多功能居室环境。有经验的肉友们甚至可通过在小酒杯、水果盘、水杯等小器皿中种植多肉植物，将阳台或别的什么地方弄得生机勃勃。

装饰阳台：装饰阳台是肉友们最常用的方法。这不仅仅出于装饰的需要，还要考虑多肉植物的习性。大部分多肉植物都喜欢日照，充足的阳光可以满足它们的需求。

拥有大露台和大阳台的肉友们就可以好好布置了。可以给多肉植物安排不同的分区，如立体悬挂、单盆造景、大型造景；也可以选择方形花盆排列整齐，每盆都放满，很有“阅兵式”的感觉。当多肉植物慢慢长到爆盆的时候，那种喜悦感会让人的心情变得特别好。

随着种植时间的增长，当多肉植物数量越来越多的时候，可以充分利用阳台上的护栏、平台，或者各种架子、小桌子等（有的肉友甚至连晾衣架、洗浴用品都拿来充分利用了），打造一个立体的多肉植物乐园。可以将多肉植物悬挂在墙上、窗台上，也可将它们放在用不着的不锈钢挂架上，尝试着将不同花盆摆放在一起。摆放时，可以根据它们的喜光程度、生长速度、个头大小等因素分层次摆放，既能增加美感，又能在摆放的过程中学到更多的知识。

装饰客厅：客厅里家具多，更需要用多肉植物来好好装饰一下。不过不像阳台装饰那么随心所欲，客厅装饰有一定的限制。一般可选择中型盆景的多肉植物放置在客厅一角，适合的多肉植物有：龙神冠、金晃、白芒柱、天使之泪、女雏、千代田之松、黄丽、橙宝山、玉翁、蓝松、八千代、落日之雁、黛比等。如果觉得单盆的多肉植物显得单薄，也可以充分利用茶几、壁柜、博古架、楼梯转角处等空间，装饰一些小型盆景或造型多变的多肉植物景观。比如可以在茶几上摆放一盆山吹、缩玉锦、月世界等组合盆栽，会使整个客厅亮丽活泼起来，充满现代气息；也可在博古架上摆放一小盆帝冠、星球、岩牡丹、乌羽玉等，古朴古香中多了一抹原始生态感；还可在玄关处摆放一盆蟹爪兰，如果能在节日期间盛开，还会使满室生辉，既充分利用了室内空间，又增添了客厅的生机和情趣。

装饰书房：书房是装饰多肉植物的一大空间。常见的装饰方法是，在书桌上摆放一盆小巧玲珑的多肉植物，如白毛掌、雪光、鸾凤玉、般若等，以球状多肉植物或仙人掌为佳，起到点缀书桌的作用。书房若有阳台的话，还可放两盆具有色彩变化的小型植物。书架上可放置几小盆帝冠、岩牡丹等硬质仙人掌，也可放置一种水培的多肉植物。书房若有茶几，还可在茶几上摆放一盆混合搭配的“山石盆景”等。也可不拘泥于这些装饰方式，无论如何摆放，只要雅致和舒心即可。

装饰卧室：有的人认为卧室里种植植物会使夜间空气的含氧量降低，影响人体健康。种植多肉植物却不必顾虑这个，因为多肉植物白天关闭气孔，夜间吸收二氧化碳，释放氧气，反而有助于睡眠。因此，卧室也可用多肉植物进行装饰。

如可在墙角摆放一盆柱状仙人掌，可在窗台上摆放几盆小型的球状多肉植物，也可在镜前摆放几盆不夜城、青峰等迷你版盆栽，还可在柜顶放置一盆附生类仙人掌。若是儿童卧室，考虑到儿童活泼好动的性格，可放一些球形或色彩艳丽的多肉植物；若是老年人的卧室，则可以选一些常青的多肉植物，如各种观叶类多肉植物。

装饰餐厅：多肉植物也可装饰餐厅，餐厅的主要空间包括餐桌、窗台、墙角。比如以餐桌为中心，摆放一盆色彩相对艳丽的多肉植物，如蟹爪兰、令箭荷花、假昙花等。放在餐桌上，不但可以起到美化环境的作用，而且人在赏心悦目的情境中进餐，胃口也会好很多。也可根据自己的喜好，在餐桌上摆放一些组合盆栽，效果也不错。餐厅的窗台上，可摆放几盆姿态迥异的多肉植物，阳光照在错落有致的多肉植物上，如果周围再配以玻璃、藤篮或花盆等装饰，看上去既可爱又有趣。餐厅的墙角处，则放置相对精致的盆景，如可用山吹、绯牡丹、金手指等色彩艳丽的品种装饰，以增加用餐时的情趣感。

除此之外，根据个人习惯，也可用多肉植物装饰居室的其他角落，如门厅、墙角、鞋柜等处。总之，根据选种和搭配方式的不同，可用来装饰家中的任何地方。身处在整齐干净的家居环境和充满生机活力的多肉植物之中，你会感到异常放松，身体和心灵都能得到休憩。

懒人植物，火爆花卉市场

有关注就会有市场，多肉植物的热销充分说明了这一点。

春季是植物生长的最好时节，这个季节经常逛花卉市场的人会发现花卉市场的生意非常火爆。前来消费的市民可分为两种：一种是热心于摆弄花花草草的人，另一种是想偷懒又想摆弄些花花草草的人。第一种人是花卉市场的常客，自不必说。第二种人以年轻人居多，他们想拥有一个绿意的生活环境，但又不擅长摆弄植物，往往没养多久，植物的叶子就黄了，或者根就烂掉了，很难养到开花时节，最后只余下一个个空花盆。

“有没有那种不花时间、不费精力、自己又能活得很好的植物？”这是近年来花卉市场最多的一句问话。多肉植物以“不需要太多管理”荣登销售榜首。一个专门出售多肉植物的花店老板介绍，他从早上 7 点开张，到晚上 7 点关门，顾客络绎不绝，要是逢周末或节假日，他一个人根本就忙不过来。老板忍不住说道：“现在这种植物很吃香呢！我马上就可以再开个分店了。”

多肉植物可用另一个名字来取代——懒人植物。多肉植物的原生地基本上不是沙漠就是寸草不生的荒砾，生存环境异常恶劣。在这种环境中生长的多肉植物，都能长期忍受恶劣的环境。对那些没工夫摆弄花花草草的人来说，即使出差几个月不给植物们浇水、施肥，它们也能生活得很好。曾听一个肉友讲，他将一个小肉芽随便放置在木板上，小东西活了2周还生机盎然，之后好好培植了一番，竟然长爆盆了。以这样“恶劣”的态度种植多肉植物，它们都能好好生长，更何况人们稍微费那么一点点心思来种植呢？这是一般植物所不能媲美的优点，也是多肉植物热销的重要原因。

另外，与一般植物相比，多肉植物的繁殖也相当容易，剪掉一个芽，剪一段茎节，或者剥下来一个子球，将它们放在土壤里或水里，很快就能长出一个新植株。还有的多肉植物品种更神奇，即便是掉落一个叶片，只要有养分，它也能生根长大。

有了这些特点，即便是从未养过花花草草的人，也很容易从种植多肉植物中取得满满的成就感，进而产生兴趣。加上多肉植物种类多，不断有新品种问世，初学种植的人很容易就会产生新的兴趣和追求，对多肉植物的热爱也会越来越浓烈。由此，多肉植物的消费者越来越多，市场也就越来越广阔。当然，多肉植物的价格也在不断调整，一盆株龄七八年的进口多肉植物，价格可卖到500元以上呢！即使如此，很多花店的多肉植物销量仍然在成倍地增长。

一盆有生命的多肉植物可以媲美精美的家居装饰，不仅美化了家居环境，还净化了空气。除了猫、狗等传统宠物，如今年轻人也开始把多肉植物当作“宠物”养。所谓“肉粉”，就是人们对喜爱多肉植物的人的称呼。一时间，粉嫩圆润、身姿迷人的多肉植物成为不少人心中的新“萌宠”。多肉植物千姿百态、色彩丰富，有莲座状、柱状、球状、舌状、假山状等，也有红色、绿色、紫色、黄色等，有的上面还带有花纹，似乎永远都看不完，真是让人着迷。

由此可见，无论从精神领域来说，还是从物质生活来看，多肉植物都在用它们无法抵御的魅力悄然改变着我们的生活。我们既然无法抗拒，也不能无视，那就让它们的可爱来丰富我们的世界吧！

多肉植物的共性特征

提起多肉植物，一般人能想到仙人掌、雪莲、生石花、天使、五十铃玉等茎叶多汁的植物，有些植物，如沙漠玫瑰、爱之蔓、吹上、龙舌兰等的茎叶看起来没那么多汁，但它们也属于多肉植物。外行人可能就犯疑了，还有哪些植物也是多肉植物？究竟什么才叫多肉植物呢？

多肉植物又叫作多浆植物、肉质植物。近年来爱好者不断增多，多肉植物的叫法越来越普遍，便成为最常用的名称。从生物学上来说，多肉植物是指根、茎、叶三种营养器官的某一部分（少数品种两或三部分）具有发达的薄壁组织，有强大的贮水能力，1 周甚至 1 个月不用浇水也照样能生长。多肉植物肥厚多汁，就是营养器官中储存了水分的缘故。有些种类看起来不那么多汁，是因为水分储存在根系上，我们肉眼看起来不那么明显罢了。下面让我们来看看多肉植物的共性特征。

肥厚多汁

肥厚多汁是多肉植物的典型特征，这一点是显而易见的。由于大部分多肉植物都生活在干旱地区，很长时间吸收不到水分，只能依靠体内储藏的水分来维持生命。在长期适应环境的过程中，多肉植物的根、茎、叶储水能力逐渐增强，储存的水分增多，营养器官，尤其是叶子，就显得水分饱满，给人肥嘟嘟、肉乎乎的印象。

不过肥厚多汁也并非所有多肉植物的特点，这要看生长环境了。有的多肉植物生活在不太干旱的地区，营养器官就不用储存太多的水分，所以叶子会显得大而薄。如番杏科的露草，原生地在南非的夸祖鲁－纳塔尔省，是一个相对湿润的地方，所以它的形态就与一般的植物区别不大。原生地环境越干旱，多肉植物的储水能力越强，叶片也就越厚，看起来也就越多汁。

茎的形态多变

茎是植物的中轴部分，多直立。通常我们所见的植物的茎，多是圆柱形，上面长着叶、花和果实，茎起着输导营养物质和水分的作用。但多肉植物的茎却千奇百怪，有的如藤本状，有的是球状，有的是块状，有的是圆柱形，有的是三角形，有的如布袋状，有的如山峦重连，有的细长如蛇，有的如管风琴、灯台等，各种各样的形态都有。有的种类茎或肥厚多汁，或长满小刺，或疣状突起，或木质化。形态多变的茎使多肉植物具有极高的观赏价值。

茎干状多肉植物的肉质部分主要在茎的基部，它们的基部膨大成形状不一的肉质块状体或球形体。常见的薯蓣科的龟甲龙，球形茎表皮龟裂呈边形瘤块，酷似龟甲，十分有趣。还有夹竹桃科的惠比须笑，茎干扁平肉质，酷似马铃薯。另外，还有非洲霸王树、白马城等都是肉友们喜欢的观茎类多肉植物。

多肉植物的茎之所以这么特殊，是为了适应恶劣的环境。如仙人掌，仅凭叶子已经无法吸收水分了，叶子便退化掉了，由茎来承担储存养分和进行光合作用的责任，茎也因此随着环境的变化而千变万化——地球上没有哪一科植物的茎像仙人掌科那样复杂多变。

形状奇特

形状奇特是多肉植物最吸引人的外形特征，很多初种植的肉友都是被其各种奇特的外形所吸引。原生地生长环境的恶劣性一方面改变了多肉植物的器官，另一方面则塑造了多肉植物各种各样的形态特征。多肉植物的叶子肥厚多汁、形态各异，又呆萌可爱，如石头里能开出金菊的生石花，像荷花一样袅娜多姿的石莲等，因此，它们的盆器也必须与植物本身的“气质”相匹配，只有这样才能彰显植物的特点。加上多肉植物种类繁多，所以无论是其叶还是其茎，抑或是花、刺、棱、毛和鳞等外形特点，无一不给人留下新奇的印象。

多肉植物的品种分类

多肉植物的种类繁多，在全世界范围内有 1 万多种，多生长在非洲、美洲等干旱或者沙漠地带。依科属划分，有 50 多科，经常栽培的有景天科、仙人掌科、龙舌兰科、百合科、番杏科、大戟科、马齿苋科、萝藦科、菊科、夹竹桃科等。

景天科

景天科植物全球都有分布，主要集中在非洲南部地区，共 35 属。我国有 10 属左右。这类植物是多年生肉质植物，多生长于干地或石头上，叶子形状不一，对生、互生或者轮生，颜色多样。比较普遍的有天锦章属、景天属。

天锦章属：天锦章属的特征为叶片肉质，厚实，簇生或者旋生排列。穗状聚伞花序，花比较小，呈管状，夏季开花。常见的品种有银之卵、天章、翠绿石、御所锦等。

景天属：景天属的特征为草本或亚灌木，叶片互生，小巧而呈瓦状排列，花朵不对称，多生长于分支的一侧，属观赏性植物。常见的品种有耳坠草、黄丽、小松绿、小玉珠帘等。

仙人掌科

仙人掌科植物主要分布在美洲热带、亚热带沙漠或干旱地区，除了多年生肉质草本植物外，还有一部分是小灌木或者乔木状植物，茎部肥厚，有肉感，外形有球体、柱体及扁平状，大多植物枝茎生有刺座，所生的刺或者茸毛因植物大小的不同，长短不一，没有叶子。常见的有仙人掌属、星球属、裸萼球属等。

仙人掌属：仙人掌属的特征为植株肉质，根茎呈圆球、圆柱或扁平状，表皮覆有刺座，刺单生或丛生，开黄色或者红色的花，生有可以食用的果实。常见的品种有锁链掌、仙人掌等。

星球属：星球属的特征为其茎部为球形或半球形，有棱，球体易生出子球，刺多而密集，开漏斗形的小花，果实呈红色。常见品种有兜锦、超兜、黄兜、赤花兜锦、鸾凤玉等。

裸萼球属：裸萼球属的特征为棱清楚、平缓，有横沟，分割成颚状突起。花顶生，杯状，花苞的表面平滑，花期为初夏时节，昼开夜闭。常见品种有绯花玉、蛇龙球、瑞云锦、牡丹玉等。

龙舌兰科

龙舌兰科植物多数生长于热带或亚热带地区，为多年生多肉植物，有 20 余属，形态不一，植株有小

型的，也有高大型的。一般有肥厚的叶子，有些叶片中含有丰富的纤维，比如剑麻，就是重要的纤维作物之一。另外，龙舌兰科中有一大部分植株一生只开一次花，在植株成熟后，会生长出很大的花序，开花的过程很长，通常为一两年，当花朵盛开后，植株逐渐枯死。在这些种类当中，我们常见的有虎尾兰属、龙舌兰属等。

虎尾兰属：虎尾兰属的特征为叶多纤维、肉质，又短又粗，叶子直长，扁平或圆柱状，常有绿色的横带。常见品种有虎尾兰、广叶虎尾兰、金边虎尾兰等。

龙舌兰属：龙舌兰属的特征为叶肉质，茎部很短，叶子生长于茎基部位，边缘有刺，呈褐色，叶缘和叶尖多有硬刺。常见品种有金边龙舌兰、吉祥天锦、狐尾龙舌兰等。

百合科

百合科植物主要分布在亚热带和温带地区，种类很多，大约有 230 属，我国大约有 60 属，全国各地都有分布，这个种族的植物不仅有名贵的花草，还有上好的药材。其中大多数属肉质草本植物，植株多有

颈部和根状茎，叶片互生，花朵辐射对称开放，我们常见的多肉百合科植物有芦荟属、十二卷属等。

芦荟属：芦荟属的特征为多数植物有肉质叶片，没有茎部，叶子密集地生长于基部，呈莲座状排列，开黄色或红色的花。常见的品种有芦荟、绫锦、千代田锦等。

十二卷属：十二卷属的特征为植株较小，通常群生，肉质茎叶色彩多样，常有覆盖细小的疣点，总状花序，花小，管状或漏斗状。常见的品种有玉露、白帝、条纹十二卷、红寿等。

番杏科

番杏科植物多分布在南非，在非洲其他地区、亚洲以及澳大利亚等地的热带干旱地区也有分布，大约有 120 属，全部是多肉植物草本或者小灌木植物，具有典型的肉质植物特征，有些种类植株相对矮小，但

枝茎或者叶片非常肥厚。叶子多是对生或者互生，常开黄色、红色或白色的花朵，跟菊科植物的花朵相似，因为对生长环境的要求比较高，夏季除了通风外，还要干燥阴凉的环境，秋季要有充足的水分，所以除了在原产地之外，大部分这类植物的种植都需要人工调节的温室。番杏科植物种类较多的就是肉锥花属、生石花属。

肉锥花属：肉锥花属的特征为此类植物生长缓慢，植株小巧，球形或者倒圆锥形，顶面有裂缝，深浅不一。花小，单生，呈雏菊状。常见品种有天使、少将等。

生石花属：生石花属的特征为有肥厚、柔软的根状茎，叶子对生，状似卵石，顶部平坦，花朵从叶片顶端缝隙中开出，花单生，呈雏菊状。常见品种有日轮玉、福寿玉等。

大戟科

大戟科植物多产自热带地区，有 300 余属，我国有 66 属，多产自西南至台湾地区，其中多数植物有毒，有些作为药用，如巴豆，有些用来作为原料应用于工业生产当中，如橡胶、桐油等。这类植物多属肉质草本、乔木或亚灌木，植株群生，枝多汁液，呈乳白色，叶子互生，生有托叶。大戟科植物种类较多的大戟属、翡翠塔属。

大戟属：大戟属的特征为草本或灌木植物，茎部多肉，变化大，对生叶或互生叶带有边齿，顶生或腋生聚伞花序、伞形花序。常见品种有魔杖、喷火龙、大戟阁锦等。

翡翠塔属：翡翠塔属的特征为有些种类地下有一个粗壮块茎或茎基，可做一年生栽培，其余种类全年保留肉质茎。肉质或鳞片状的叶片脱落很快。常见品种有紫纹龙、翡翠柱等。

多肉植物的养护常识

种植多肉植物需要的工具

俗话说：工欲善其事，必先利其器。养植物也是如此。其实工具来源非常广泛，有些人刻意花钱买，如素烧瓦盆、花洒等；有些则是日常生活中的废弃物再加工，如可将蛋壳挖孔放土做成花盆，也可将饮料瓶制作成花盆或迷你土铲。无论是花钱买的，还是自己制作的，都是很有用的。

花盆：花盆是种植多肉植物所必需的工具。关于花盆的选择，是一个既简单又复杂的话题。

说简单，是因为任何一种只要能放土的容器都可用来栽植多肉植物，但多数多肉植物因其身姿娇小，不适合太深、太大的容器。因此花盆的选择，可以是茶杯、茶壶、饮料瓶、竹筒、碗、葫芦和椰壳等。只要跟植株搭配起来有美感，任何器皿都可作为多肉植物的“家”。因此，现如今迷你容器非常盛行，小巧迷人的花盆配上萌态十足的多肉植物，其魅力不亚于任何工艺品。

说复杂，是指种植者要非常了解多肉植物的喜好，对每种器皿的透气性和排水性能有精准的把握，还要熟知多肉植物的生长快慢及根系长短，从而选择高矮和大小合适的器皿。在综合以上因素的基础之上，为了美观，种植者还要对器皿的颜色、材质、造型以及植株的搭配进行审美上的把握。由此可见，多肉植物对花盆要求之高，既有一定的科学性，还有一定的艺术性，相当复杂。

从透气性和排水性能上来说，首选陶器花盆，尤其是多肉植物的初养者。其次，可选择瓷器花盆，不过瓷器花盆透气性差，在种植的过程中要减少浇水频率。在多肉植物生长期内，如果每月向陶器花盆浇水3次，那么向瓷器花盆浇水2次即可。铁盆、塑料盆等透气性较差，只有盆口能进行水分蒸发，因此，浇水不宜太多、太频繁，且间隔时间要适当拉长。如果花盆没有底洞，那么浇水就更严苛了，种植者既不能让植物的根长时间浸泡在水中，又不能只给一半水，还要保证植物不缺水，这个分寸要把握好。

从植株的生长速度和花盆的高矮大小上来说，一般要遵循高个子植株用深盆、矮个子植株用浅盆的原则。注意盆径要比植株稍大一些。如果一棵植株整体直径8厘米左右，那么就可用直径10厘米或12厘米的花盆。有的肉友喜欢将各种各样的多肉植物种植在一起，这样的组合盆栽起来更别致，此时可根据花盆的大小选择合适的植株数。

从美观的角度来说，不同材质、不同颜色的花盆，与不同的多肉植物搭配，效果自然也是不同的。多肉植物叶形和叶色变化丰富，因此主要是观叶植物，器皿却是丰富多样的，所以植物与花盆的搭配要费一些心思。大体而言，器皿是为植物服务的，起着衬托植物、配合植物的作用，满足这一条即是不错的搭配方案。

根据经验，多肉植物与花盆可以这样来搭配：①花盆的颜色和多肉植物要形成差别，这样可更好地衬托多肉植物的颜色和形态；可以是色彩的差别，可以是色彩饱和度的差别，也可以是色彩透明度的差别。②本色陶盆是百搭花盆，可搭配各种植物；白、灰、黑等无彩色器皿和低纯度花盆的适用范围也很广。③景天科多肉植物不适宜种植在过于花哨的器皿中，否则会喧宾夺主。④小叶植物不要种在碎花的器皿中，否则显得很小气。⑤批量种植同一科属植物，可使用同一款花盆，既节省空间，又整齐美观。

总之，花盆的颜色、形状、材质并不是植盆组合漂亮与否的决定性因素，关键在用心与否，只要用心搭配，任何花盆都可以搭配出别致新颖的组合。

塑料盆：透气和排水性能比较差，适合喜欢温暖湿润环境的娇小植物，短期使用。

素烧瓦盆：排水透水性能好，散热比较快，适合各种植物。适合放于阳台上使用，不适合室内盆栽。

紫砂盆：排水透气性能较好，适合对土壤排水透气性要求不严格的植物，适合摆放于客厅，但要跟植物的外形和室内的装饰环境相得益彰。

陶瓷盆：排水透气性能较好，适合对土壤透气排水要求低的植物，适合室内栽培植物。

木盆：排水透气性能好，但不耐用，适合不容易生病虫害的小型植物。

花标：一般是 PVC 材质，可根据实际需要，剪裁成不同形状的花标作为记录使用。

签字笔：便于做记录使用。

喷水壶：方便把水直接浇到土壤中去，避免接触到植物的叶片。

气压喷水壶：可以根据需要调节大片喷雾、水柱喷射、两头浇灌，省时省力。

花洒：用于浇水或者增加空气湿度，也可以用来给植物喷药或者施肥。

小铲子：方便调配土壤，或者换盆土使用。

剪刀：方便扦插植物或者修剪植株。

涂胶网格布：可按需要剪裁所需大小，可以预防害虫或者飞虫对植物的侵害。

小刷子：打扫叶片上的灰尘。

注射器：避免水淋洒在叶片上时使用。

量杯、量勺：方便兑液态肥料和控制杀虫杀菌的水量。

镊子：可用来清理植物叶片上的颗粒状杂物，也可以用来移动小植株。

备用水壶：可用来装剩余的药水和液态肥。

鱼线：做无性繁殖时，可用来“砍头”。

铜丝：可在栽植无根苗时起到固定作用。

跳线：绑扎时用。

竹签：可插入盆土中，用于支撑植物。

一次性勺子：用于挖取药物。

一花一世界，一叶一菩提。多肉植物虽然小巧，需要的护理却很精细，想要收获多肉植物的萌态，就要用心去打理，为它浇水、施肥、剪去枯叶、擦拭叶片、除去害虫。而这些得以完成的前提，用来打理的工具是必不可少的。

多肉植物如何配土

配土是一个令肉友们困惑的问题。很多新手都会问："我几次扦插都不成功，好几次都是活了一段时间之后就死了，我拔出来一看根系都没长，下面全黑了，只有一次勉强活了下来，但长得很不好。这是什么原因呢？"

很明显，这是配土不合适造成的。多肉植物的配土方法大有学问。首先我们了解一下土的种类。

泥炭土：泥炭土是被古代沼泽地埋藏的植物经过积累形成的土壤，呈酸性，特点是吸水能力强，有机质含量丰富，难分解。

腐叶土：腐叶土是植物枝叶经微生物腐蚀分解后，再经时间的发酵，最后形成的土壤，偏酸性。其特点是有利于保肥和排水，是常见的花木栽培用土。

培养土：培养土为了满足花卉需要人工专门配制的土壤，含有丰富养料，排水性能佳，透气性好，能保肥保湿。

沙：沙粒，土壤呈中性，不含任何营养物质，透气性好，透水性好。

苔藓：苔藓是一种植物性材料，较疏松，透气性好，

保湿性强。

珍珠岩： 珍珠岩是一种铝硅化合物，多孔，通气性好，吸水性强，质地均匀，是改良土壤的重要物质。但保湿和保肥性能差，时间久了容易使土壤板结。

火山岩： 火山岩是一种多孔形石材，形成于火山爆发后，透气性强，稳定性好，矿物质含量丰富，但成本高，不易买到。

蜂窝煤： 常取烧好后接受雨水中和的物质，透气性强，需敲碎后晒出颗粒才能用。

还有的肉友喜欢用赤玉土、蛭石等材料，使用频率不高，不一一列举。

配土的原则，总体来说，要求土壤偏中性，土壤疏松，透气性好，排水性好，含有一定量的腐殖质。只有少数多肉植物有特别要求，如沙漠玫瑰属、千里光属、十二卷属、虎尾兰属等需要土壤略呈碱性。

具体来说，还可从两方面来考虑：一是根据植物的品种，二是根据植物的生长情况。

一般的多肉植物，适用于泥炭土＋粗沙＋珍珠岩＋园土，按照1 ：1 ：1 ：1的比例混合。或者粗沙＋腐叶土＋珍珠岩＋泥炭土，按2 ：2 ：1 ：1的比例混合。

生长慢、肉质根的多肉植物，适用于泥炭土＋颗粒土＋粗沙＋蛭石，按照1 ：2 ：6 ：1的比例混合。

根部较细的多肉植物，适用于泥炭土＋珍珠岩＋粗沙，按照6 ：2 ：2的比例混合。

茎干状多肉植物，适用于腐叶土＋谷壳碳＋粗沙＋园土＋煤渣，按照2 ：2 ：1 ：1 ：1的比例混合。

小型叶多肉植物，适用于腐叶土＋粗沙＋谷壳碳，按照2 ：2 ：1的比例混合。

若根据植物的生长情况来配土，小苗生长速度快，

需要肥力和水分较多，所以土壤中不能有太多颗粒，可使用松软的泥炭土与颗粒以1 ：1的比例混合，也可按照泥炭土＋粗沙＋颗粒以6 ：2 ：2的比例混合。

若是生长2年以上的多肉植物，则生长慢，代谢慢，需要水分和养分相应减少，粗沙和颗粒的比例可适当加大，如可按泥炭土＋粗沙＋颗粒按照1 ：1 ：1的比例混合，也可按照泥炭土＋粗沙＋颗粒以2 ：2 ：6的比例混合。

最后需要强调的是，土壤对多肉植物来说就好像我们人吃的粮食一样。粮食不够好，人就会营养不良，植物若没有好的土壤滋养，也会营养不良。土壤的质量直接决定着植物的生长状态，一定不能马虎。

多肉植物怎样施肥

熟悉多肉植物的人都知道，多肉植物原生地环境恶劣，多生长在沙漠荒野中。那里土壤贫瘠，除了沙子就是小石子，养分和水分都很少，它们的根部每年都有很长时间根本吸收不到任何水分，只能靠体内贮藏的水分维持生命。这样顽强的生命力，又长出如此精美的叶子或花，不能不令人称奇，这也是很多肉友

喜爱多肉植物的原因之一。

也正因为如此，有的人提出“多肉植物根本不需要肥料”的观点，建议模拟原生态种植多肉植物，不施肥，或者少施肥。其实，这个观点是不正确的，植物学家早就告诉我们，氮、磷、钾是植物生长的三要素，包括多肉植物在内的所有植物，都需要养分的滋养。只是多肉植物生长较为缓慢，对养分的要求低一些而已。

肥料的选择：一般来说，专用肥包括氮磷钾的15-15-30专用肥，20-20-20型号的通用肥，以及花宝专用肥1号7-6-19和2号20-20-20。专用复合肥可以去商店购买，而一般的肥料在生活当中很容易获取。不仅环保，而且可以达到资源循环利用的效果，这些肥料包括腐熟的稀薄液肥、有机肥、饼肥水以及动物粪便等。

专用肥15-15-30是低氮高磷钾肥料，适合开花的多肉植物在开花前期或者开花期使用。可以起到增加开花数量，让花色更艳丽的效果。

通用肥20-20-20氮磷钾的含量都比较高，不适合那些需要低氮高磷钾的多肉植物。这种通用肥料使用范围比较广泛，无论是多枝叶还是会开花结果的多肉植物都可以使用，且适合各种生长阶段的植物。

花宝专用肥1号适合室内栽培的多肉植物，因为室内栽培一般光线不充足，花宝专用肥1号可以强健植株，而且对扦插植物的生根也能有促进作用。

花宝2号的氮磷钾比例配制比较平衡，适用范围比较广泛。无论是室内室外，还是多肉植物生长的各个阶段，都可以使用。

对于一般的肥料，可以将生活中的资源进行循环利用。比如用淘米水混合面汤以及煮饺子后的水一起放置半个月之后，就是腐熟的稀薄液肥。

用一些剩菜叶、果皮、鱼鳞以及鱼的内脏混合在一个密闭的容器内充分发酵之后，就是有机肥。

生活中废弃的蛋壳，鱼类的骨头、鱼鳞以及剪下的头发、指甲放在植物土壤中经过发酵就是磷肥。淘米水和洗奶瓶水经过土壤发酵就是钾肥。

饼肥是油料种子经过炼油之后剩下的残渣，其中的养分可根据油料的不同而又所分别。包括花生饼、大豆饼、菜籽饼和茶子饼等，总体来说，饼肥属于含氮量比较高的有机肥。此外，中药的根部、药渣、茶叶渣也是很好的花肥。

在栽培多肉植物的过程中，我们可以根据植株的需要，进行灵活地调配，可以选择购买肥料，也可以用生活中的一些废弃资源进行再次利用。

肥料浓度的把握：多肉植物对养分要求较低，所以施肥不宜施浓肥，要遵循“宁淡勿浓”的原则，宁可多次施肥，也不一次将肥料全部投进去。如在用油粕饼施肥的时候，可先将油粕饼粉碎，然后加水10倍左右，充分腐熟之后，再取清夜稀释30倍使用。其他肥料也遵循同样的原则施薄肥。

施肥的时间：种植多肉时间长的肉友会发现，多肉植物的生长有时候慢吞吞的，但突然某一个阶段，它们会猛长，然后又处于生长近乎停滞的阶段。其实多肉植物一年之内通常有一个或两个生长较快的时期，一般发生在温差较大的春秋季。这两个时期对养分的要求比较高，这一阶段必须施肥。另外，冬季继续生长或者开花的多肉植物，可以施肥。

施肥的最佳时间在花期，宜在花剑冒头开始，每半个月一次，与浇水同时进行，一直施肥到种荚成熟为止。

施肥注意事项：新上盆的多肉植物，一个月之内不要施肥；不宜将含盐的菜汤汁和新鲜的牛奶、豆浆当肥料用；施肥前，盆土要保持干燥；要先将生长不良、根系有毛病的植株拿掉，然后松土，再施肥；开花期，宜施以磷肥、钾肥。

日照的控制和利用

万物的生长都需要阳光，植物对阳光的依赖性更强。只有在光线的作用下，植物才能进行光合作用，制造出供养全身的养分。对多肉植物来说，充足的光照会让它们显得更有光泽，更健康、漂亮。缺少光照的多肉植物抵抗力会变弱，容易发生徒长，或者真菌爆发、细菌蔓延，失去原本的健康和美丽，有的种类还会因为缺乏光照而死亡。但是，充足的光照与光照强度不是一个概念，经强光暴晒的多肉植物叶片会受伤。由此可见光照对多肉植物的意义。在日常养护中，种植者既要充分利用光照，又要懂得控制光照。

日照长短的控制：在多肉植物的原生地，多肉植物每天至少要接受 3 ~ 4 小时的日照时间，有时候甚至达到 8 小时或者更多。在我们国家，很多地区达不到这样的日照时间，只能退而求其次。如果家中有一个南面的窗户，可将多肉植物放在窗台上，这样每天至少能保证 2 小时的日照时长。若想追求更长的日照，那就得乐此不疲地将它们搬来搬去，追着阳光放置，这样种植出来的植物叶片更紧凑，也不易生虫。春秋时节日照时间短，要尽可能地增加日照时间，必要时可将多肉植物转移到户外栽培。一般每年的 10 ~ 12 月、4 ~ 6 月是多肉植物的生长高峰期，肉友们要充分利用这几个月时间，给予植物充足的自然光。

需要注意的是，阳台上的玻璃会阻断紫外线，植物接受的光线会有所损失，因此要尽可能延长开窗户的时间。尤其是番杏科植物，需要全光谱的散射光，如果隔着玻璃，栽培出来的植物要娇弱很多。

日照强弱的控制：既然多肉植物需要光照，初学者可能会有这样的错觉，认为日照越强，植物长得越好，于是就将植物搬到阳光下暴晒。这是不正确的种植方法。肥厚多汁是多肉植物的显著特色，这些肥美的植物经过阳光暴晒之后，会长斑、晒焦，造成严重的晒伤，甚至将植物晒成“肉干”。

因此，在日照强烈的夏季，很有必要做一些防晒措施。如可在适当位置加一个便于打开和收起的防晒网；或者将多肉植物放在玻璃后，遮挡紫外线；或者将多肉植物放在窗帘后；或者拉上纱帘等。这些措施可使照射在植物上的光线温和一些，有助于培育出色彩变幻的植物。

多肉植物根的养护技巧

很多初学者很快就将植物养死了，原因就在于忽略了根的养护，导致根的腐坏或不生根系而死亡。作为吸收水分和微量元素的主要器官，根的养护对多肉植物的生长来说意义重大，栽培多肉植物一定要重视对根的养护。

根的养护技巧，主要体现在对以下 4 方面的把握上。

土壤：盆土培植正确时，植物的根系 2 周之内就能将整个花盆长满，反之，如果所配土壤不适合植物，植物就不会长新的根系，根系很快被闷死，导致种植失败。

多肉植物的配土方法有很多，常见的配土方式是泥炭土 + 颗粒（蜂窝煤颗粒或珍珠岩颗粒，也可以是小石子），以 1 ： 1 的比例混合。泥炭土松软透气，有利于植物生根，但若全用泥炭土，会结板块，不利于根系的呼吸。加入颗粒有助于使土壤充满空气，有助于根系的呼吸，水分也容易进入到空隙中，有助于生根。

土壤配好之后并不意味着万事大吉，最好每 1 ~ 3 年翻盆换土，有助于保持土壤的松软和充满间隙，便于根部呼吸。

浇水：新种植的多肉植物根系少，需要先生根。多肉植物生存能力很强，即使没有生出根系，它也可通过消耗自身水分或空气中的水分存活很长时间，所以新种植的多肉植物不需要过多浇水，以免出现根部长期浸泡在水中腐坏的现象。最简单的方法就是土壤配好后，稍微喷水即可，空气中的水分足够植物长出新的根系。

通风：保持通风良好，目的是为了避免根系腐烂。

修根：多肉植物生长 1 ~ 2 年后，部分根系会因为细菌感染或土壤板结而坏死，需要重新翻盆修剪根系。修根之前，先清除掉细弱的毛细根，便于观察整个根系的情况，然后观察主根的坏死点；接着，将剪刀消毒后，剪掉根系中坏死的部分；最后，在损伤部位涂上杀菌剂，再晾干，上盆即可。

多肉植物浇水的规律

浇水是广大肉友们最头疼的事，无论新手还是老手，对多肉植物究竟该如何浇水、浇多少水、多长时间浇一次水等问题也没有统一的认识，很多老手也都是根据经验和感觉来判断如何浇水。

浇水难以拿捏也是可以理解的事，因为多肉植物的浇水要考虑很多因素：季节，温度，通风情况，花盆，土壤，日照，摆放位置，植物的习性，植物大小，植物生长状态等。是否需要浇水、浇多少水，要综合考虑所有因素，才能最终确定。

看懂缺水信号：首先，观察植物的叶片或茎部，看是否饱满有光泽。水分充足时，叶片明亮有光泽，茎坚硬结实；缺水时叶片出现褶皱。如果枝叶下垂疲软，说明缺水已经很严重了，不马上浇水就会枯萎。其次，可用手捏，尤其是耐寒植物，这类多肉植物若长期缺水，植株会变软、变薄。再次，可将一根筷子插入土壤中放置一会儿，拔出后观察底部是否缺水，从而判断植株的给水状态，如筷子底部干燥，则需浇水。最后，浇水之前先称一称盆栽的重量，浇水之后再称一下重量，以后就可以吸满水的重量做参考，重量变轻的时候就可以浇水了。

浇水之后，一般第二天叶片就会重新饱满起来。但若连续几天浇水之后状态仍未改变，可能植物的根系已经损坏，植物无法吸收而继续脱水。这时候就要将植物拔出来，重新清理根部，再换上干一些的土壤再种。

把握浇水时机：多肉植物的浇水遵循“气温高时多浇，气温低时少浇，阴雨天不浇，夏天晨起浇，冬天晴天午前浇，春秋天早晚浇，生长期多浇，休眠期不浇”的原则。在多肉植物生长旺盛期，除了浇水，还可适当喷水以增加空气的湿度。冬季不要喷水。

控制浇水间隔：浇水间隔是一个大学问，要考虑的方面很多，很多新手栽培者在这方面比较糊涂。其实浇水间隔要考虑以下因素。

花盆因素。陶盆透气性比较好，一般不会发生淹死多肉植物的情况，适合初学者。但陶盆的水分挥发比较快，植物虽然不至于干死，但会影响生长速度。最好的做法是每 2 天浇水一次。其他材质的花盆，如塑料盆、陶瓷盆等，因为透气性差，浇水间隔相对较长一些，一般 1 周浇一次即可。

天气因素。多肉植物种植者很有必要养成看天气预报的习惯。如果是连续晴天，并有微风，可以在考虑花盆因素的基础之上经常性浇水。如果是连续阴雨天，可以将浇水间隔增加为原来的 2 ~ 3 倍。

植株本身的因素。一般新种的多肉植物根系少，还没有从损伤中恢复出来，吸收水分能力有限，可采取频繁而少量的方式浇水。生长多年的健壮植物，根系发达，即使是种在透气性最好的陶瓷盆里，3 天浇水一次也没关系。如果是种植在室外的植物，则采取“不浇则已，浇则浇透”的原则。另外，一般多肉植物在生长过程中不需要太多水分即可维持生长，如仙人掌，根据季节因素浇水即可。但原生地在热带地区的多肉植物，如量天尺，喜欢温暖湿润的环境，对空气湿度要求较高，平时除了浇水，还要应该用花洒给其附近的地面喷水。

除了掌握以上三方面的规律之外，不同地区的肉友们还可根据所在地区的气候特点来把握浇水间隔。如沿海地区温差小，有海风，植物常年处于生长状态，可按照正常频率正常浇水，不必考虑季节因素。

多肉植物塑形

让植物们按照自己设想的形态生长，无疑是一件很有成就感的事，这就涉及多肉植物的修剪和塑形问题。

修剪不仅是为了塑形，还有助于植物更好地生长。一般的修剪方式包括修剪枝叶、修剪茎干、摘心、摘蕾与除芽、剪花茎与残花、强剪、疏剪等。

修剪枝叶：修剪枝叶不仅可以保持植株外形美观，还能够防止植株过快生长，促使其开花等。比如说量天尺在生长过程中会有很多分枝，不但影响美观，而且会影响其结果，因而需要适当修剪。

修剪茎干：剪去多肉植物的茎干可以促使其长出更多的分枝以及花卉。比如白雀珊瑚在夏天的时候生长速度会很快，如果茎干生长过快，分枝以及叶子的生长就会受到影响。为了避免这种情况，可以适当地剪去其茎干，控制其生长的同时还能够达到美观的效果。

摘心：摘心就是在多肉植物的生长过程中，为了避免其生长过快，摘取其生长过快的部位，一般都是摘取茎部顶端的一部分，方便多分枝，多开花。比如长寿花、白雪姬、碧雷鼓、吊金钱等，在其生长期一般要摘心 1 ~ 2 次，这种做法可以促使长寿花多开花，

还能够帮助其更好地生长枝叶。

摘蕾、除芽：除去过多的侧芽或新生的小嫩枝，多适用于红卷娟、狐尾龙舌兰、球兰等。这个过程有助于减少不必要的养分消耗，集中让主芽发育。

剪花茎、残花：直接剪掉花茎或残花。植物开花的目的是为了结种子，繁衍后代。人类在繁衍后代的时候会损耗大量营养素，植物也是如此。多肉植物开花时需要更多的养分支持，当养分不足时，就会消耗植物本身的营养强制开花，还有的种类开花之后就死亡了。对于赏叶、茎的植物来说，当花的作用没那么重要时，如黑法师、灿烂、花月夜等，可将花茎剪掉，避免植物消耗过多养分。

强剪：除去整个植株或修剪距离主干基部10～20厘米处，目的是为了促使主干萌发新枝。强剪主要适用于过高或长势非常不好的植株，如云阁、非洲霸王树、红雀珊瑚等。

疏剪：修剪重叠枝、交叉枝、徒长枝、枯枝、病虫枝等，多适用于沙漠玫瑰、鸡蛋花、仙女之舞等品种。疏剪的目的是为了保持植物的外形美观。

多肉植物生长速度很慢，通过修剪来塑形有一定的条件限制，植物首先必须生长到修剪的程度，这个过程可能需要一两年，塑形速度较慢。此外，还可根据光照、浇水的手段通过5步对植物进行塑形：第一步，先将植物放在散射光处，使土壤保持湿润，让其一直处于自然生长状态，直至开始徒长；第二步，当植株生长到理想长度时，减少浇水，慢慢将其挪到有光照的地方，接受日照栽培；第三步，当植物抵抗力增强后，将徒长的植物转移到事先准备好的花盆中，剪掉植株的顶部；第四步，慢慢增加光照时间，减少浇水量，待枝干木质化之后，掰掉大一点的叶片，使养分集中在顶端新生的小芽上；第五步，延长浇水间隔以加快枝干的木质化，然后正常养护即可。

利用这种方式塑形，植株一般只需半年即可成型，肉友们可以试试。

从一变十，超有成就感的繁殖

繁殖是一件超有成就感的事，就好像亲眼看着自己的孩子成家立业一样，身为父母的自豪感油然而生。多肉植物的繁殖方式多样，只要有足够的耐心，你很快就能收获从1个萌物变10个萌物的奇妙体验，这

是种植其他植物所不能比拟的。

播种：直接通过种子的方式种植多肉植物，适合资深种植者和产业化商品生产，初学者不建议这种繁殖方式。

首先做好准备工作。必备的工具包括育苗盒、泥炭土、珍珠岩颗粒、消毒粉、杀菌剂（多菌灵或甲基托布津）、牙签、脸盆。准备条件主要指天气条件，气温宜在 10 ~ 30℃，白天 25 ~ 30℃、晚上 10 ~ 15℃的温差是发芽率最高的阶段。

接下来是播种。第一步，首先将土壤配好，用消毒粉为土壤消毒；第二步，在土壤中撒入杀菌剂，拌匀，注意杀菌剂的浓度不可太高，以免影响发芽；第三步，将土壤装进育苗盒中，然后向脸盆中倒入适量水，将育苗盒放在脸盆中，直到土壤表面吸水饱和；第四步，将种子倒在硬纸上，弄湿牙签尖，沾一粒种子到土壤表面，一粒一粒沾；第五步，盖上育苗盒，放到散射光处，1 周后掀开盖子；第六步，此时种子已经开始发芽，注意避免阳光直射，正常育苗，直到可进行移苗即可。

很多肉友很关心播种后什么时候发芽的问题，这个问题没有绝对答案，视情况而定。一般萝藦科植物发芽较快，播种后 2 天就开始发芽。番杏科植物发芽也比较快，播种后 1 周左右即开始发芽，如有的露草属植物 6 天就开始发芽了。景天科植物发芽较慢一些，播种后 2 周左右才开始发芽，3 周左右发芽结束。凤梨科植物发芽更慢，需要 15 ~ 20 天才开始发芽。

扦插：扦插是一种成活率较高的繁殖方式，我们日常所见到的月季、玫瑰等通常采取这种方式繁殖。与普通植物的扦插相比，多肉植物的扦插更有趣。

叶插。即利用叶片进行繁殖，很多人第一次看到这种繁殖方式都无比震惊。肉友们在养护过程中，若不小心碰掉一些叶片，可不要轻易浪费哟！一片叶子就能繁衍出无数后代呢！

叶片是叶插的必备材料，首选健康肥美的叶片，可增加成活率。除此之外，我们还需要干燥的土壤（1 ： 1 的泥炭土 + 粗沙组合）、育苗盒以及其他必备工具。准备条件，最好选择春秋季节，此时气候宜人，便于成活，冬季和夏季也可进行叶插，只是成活率相对低一些。

叶插的步骤如下。

第一步：准备健康的叶片。获取叶片的办法是，小心翼翼地摇晃叶片，抓紧叶片，但要避免损伤植物。要避免叶片受污染，不小心沾到泥土或水分时，要及时用纸擦掉。

第二步：将干燥的土壤铺在育苗盒中，土壤尽可能铺得厚一些。

第三步：将叶片放在土壤表面，可平放，可插入土中。注意将叶片的正面朝上，避免植株逆向生长。

第四步：将育苗盒放在散射光下，等待叶片生根。

第五步：约 10 天后，叶片就会生出根系或嫩芽。此时，及时将根系埋入土中，露出小芽，少量浇水，并将植物慢慢移到阳光下，不要一下子给予强光照射。

第六步：当嫩芽慢慢长大后，可适当增加水量和日照量。最初的叶片不要急于摘除，等叶片干了再去除也不晚。

在叶插的过程中，如果遇到叶片透明化、黑化、发霉、干枯等情况，要及时将这类叶片清除，预防霉菌感染其他叶片。

需要说明的是，并非所有多肉植物都适合叶插，

适合叶插的常见植物有虹之玉、乙女心、姬胧月、白牡丹，以及石莲花属、景天属等。不适合叶插的植物有熊童子、钱串，以及莲花掌属、青锁龙属等。

茎插。即将植物的茎插入土壤中培育的一种繁殖方法，与叶插既有相似之处，也有轻微的不同。

准备工具包括：健壮的茎、干燥土壤（2 ： 1 的泥炭土 + 粗沙混合）、花盆及其他必备工具。扦插季节宜选在春秋季，一般 1 周左右即可生根，慢一点的 15 ~ 20 天可生根。

茎插过程中，选茎比较重要。推荐择取叶片间距较大的枝干处剪取，此处的枝条有的已经长出了气根，成活率较高。茎剪掉之后，等伤口晾干愈合之后，再埋入土中，这个过程可能需要 2 ~ 3 天。若是急着栽种，可用太阳光将茎秆晒干，相当于紫外线消毒。

插入土中之后，其余过程就与叶插相似了，同样注意不要浇水，慢慢给光照，等着生根就行。

适合茎插的多肉植物包括：沙漠玫瑰、翡翠殿、回欢草等。

根插。将成熟的肉质根切下，埋在合适的土壤中，

上部稍微露出，保持湿润和充足的光照即可，根的顶端萌发出新芽即表示扦插成功。其余步骤与叶插和茎插相似。适合根插的多肉植物包括：玉扇、万象和已经具有块根的大戟科、葫芦科多肉植物。

分株：分株是多肉植物繁殖中最简单，也最安全的一种方法，只要叶丛呈莲座状或群生状都可采用这种的繁殖方法。如龙舌兰科、凤梨科、百合科、大戟科、萝藦科等。还有一些多肉植物只有采取分株的繁殖方式才能够保持品种的纯正性，如斑锦品种。

分株的准备工作包括：长满盆的多肉植物、足够的土壤（1 ∶ 1的泥炭土＋粗沙混合）、足够的花盆及其他工具。分株步骤如下。

第一步：将长满盆的多肉植物倒出来，清除掉根系的全部土壤，然后一棵一棵往下掰。掰的时候小心地左右晃动，尽量避免伤到根系。注意太小的苗不要掰，否则难以存活。

第二步：将掰下的苗按大小进行分类栽培。大苗

可直接入盆，小苗可先放在育苗盒里过渡一段时间，然后再放到普通花盆。如果苗非常小，看起来很脆弱，可跟成年苗栽培在一起，土壤中多加一些泥炭土即可。

第三步：上盆完毕，就可像正常种植一样，给予适当光照和水分。

除了播种、扦插、分株等常见繁殖方式外，有的种类还适合用嫁接这种繁殖方式。如大戟科、萝藦科、夹竹桃科的斑锦品种和缀化品种。只是嫁接对技术要求较高，要求快速而熟练，否则不易成功，因此不做过多介绍。

如何制造适合生长的温度环境

有人认为，多肉植物除了南极洲之外都能生长，对温度应该没有太大的要求。

大部分多肉植物固然不喜欢低温环境，但温度太高也会影响其生长速度。为了栽培出更美丽的多肉植物，肉友们最好温度控制在 10 ~ 30℃。这是大部分多肉植物的生长温度。当温度过低时，植物会冻伤；温度过高时，植物会被迫进入休眠状态，状态会越来

越差。所以，我们要学会为植物们营造适合的温度环境。

温度环境的营造只需要做到三点：冬季保温，夏季降温，春、秋季顺其自然。

冬季保温，顾名思义，注意保暖。0℃是冰点，多肉植物在 0℃或低于 0℃时，茎与叶片中的水分容易结冰，容易冻伤。因此冬季低温时，要将多肉植物搬到室内，保证室温不低于 5℃，植物也能缓慢生长。若想让多肉植物维持着秋天的色彩和形状，可借助暖气、电暖气等加热装置，或者将植物放进玻璃房。注意在此过程中保持光照，时长不能低于 1 小时。

夏季降温是指温度不能超过 35℃，否则植物就会进入休眠状态。植物休眠时不吸收水分，生长停止，夏季高温高湿的天气会使多肉植物进入“桑拿”环境，根系易腐坏。因此夏季高温天气时，要适当为植物遮阴，宜摆放在阴凉干爽的地方。

春、秋季是多肉植物生长的黄金季节，只需正常光照和浇水即可保障其生长。但要注意预防倒春寒等特殊天气。

总之，多肉植物虽然有休眠期，但是只要用心呵护，精心打造它们喜欢的环境，多肉植物还是能一年四季都维持美丽姿态的。

多肉植物病虫害防治

任何植物都会有虫害，多肉植物虽然容易养，但也无法逃脱虫害的灾难，这对于广大肉友来说是难以容忍的。多肉植物那么精致可爱，一点点虫害就会使它们的美丽大打折扣，因此除虫害是种植过程中所必需的。

如果是多肉植物出现虫害，则很容易被我们发现，因为虫害一般比较明显，会出现在植株的茎叶上，给植株的叶片或者茎部造成伤害。一般常见的虫害有蚜虫、卷叶蛾、红蜘蛛、粉虱和介壳虫。

当我们发现多肉植物遭遇虫害侵袭的时候，应该第一时间做出反应，及时用灭虫剂进行喷洒防治。一般的蚜虫都会集中在植株的叶梢、叶片或者花蕾上。蚜虫并不大，一旦发现植株上叶片萎缩或者卷曲的时候，应该用 50% 的灭蚜威用水稀释 2000 倍喷洒到病害部位。多肉植物虫害类的防治，用杀虫剂可以彻底清除，情况严重者可以更换盆土，以保证植株的良好生长环境。

如果多肉植物出现真菌性病害，则需要我们更加小心才行，因为一般真菌性病害发病的时候就表明植株已经严重受到病害的困扰，而且已经明显表现在了植株上。一般常见的真菌性病害有褐斑病、叶斑病、煤污病、软腐病、炭疽病、锈病等。这一类病害的发病原因一般跟植株的生长环境有关，一旦出现，需要我们根据具体情况，及时纠正，并且用专用喷洒液进行治疗。

如果多肉植物出现的是生理性病害，说明植株的生长环境不好，而且多肉植物的生理性病害一般都在根部，根部的病变会反映到植株表面上。一旦发现这种情况，需要我们及时改善植株的生长环境，清理其受损的根部，然后将清理过的植株移植到新的盆土中。

虫害与防治办法如下。

红蜘蛛：主要危害仙人掌类、大戟科、萝藦科、菊科和百合科的多肉植物。害虫吮吸幼嫩茎叶的汁液，被害茎叶出现永不褪落的黄褐色斑痕或枯黄脱落；叶背面常有蜘蛛网或还有小虫子。不要将植物栽培在过于闷热的场所，可用 40% 三氯杀螨醇 1000 ~ 1500 倍液喷杀；冬季注意密封保温，密封前喷药一次。

介壳虫：危害面较广，主要有蟹爪兰、仙人指、鸾凤玉以及顶花球属、天轮柱属、仙人掌属、花座球属、十二卷属的多肉植物。害虫吸食茎叶汁液，植株生长不良，甚至出现枯萎死亡。勤检查，一旦发现立刻用毛刷刮除，然后以 80 ~ 1000 倍液喷杀。

粉虱：常危害植株的幼嫩部分，常危及量天尺、麒麟角、马齿苋树和菊科多肉植物。害虫寄生在植株的幼嫩部分，植株遭侵害后生长衰弱，茎叶上有成片的黑粉。加强通风，虫害初期可用 40% 氧化乐果乳油 1000 ~ 2000 倍液喷杀，2 天后再用强水流冲刷。

蚜虫：常危害景天科和菊科的多肉植物。害虫吸吮植株幼嫩部分的汁液，植株衰弱；害虫分泌物还会招来蚁类。数量少时可靠人工捕杀；虫害严重时，可用 80% 敌敌畏乳油 1500 倍液喷杀。

鼠妇：常危害一般多肉植物。害虫啃食新根和植株幼嫩部分，易造成植株死亡。土壤内放呋喃丹，定期用杀灭菊酯喷杀；常松土，人工捕杀。

蜗牛：常危害一般多肉植物，尤其是量天尺和仙人球。害虫啃食幼苗，造成难看的疤痕，危及植物生命。平时应避免潮湿的生长环境。

病害的灾难性比虫害更大，往往成片发生，且植株一旦患病，若不立即抢救，植株很快腐烂死亡。常见的病害有以下几种。

赤霉病：为细菌性病害，病害从植株伤口侵入，沿着维管束迅速扩展到全株。球形仙人掌一般容易得这种病，遭鼠妇啃咬后的多肉植物也容易得此病。可在土壤中加入 70% 托布津可湿性粉剂 1000 倍溶液喷洒预防，记得晾干后用硫黄粉消毒。

炭疽病：炭疽病属于真菌性病害，易在炎热潮湿的环境中发生，对多肉植物危害极大。发病时，植物的叶片出现褐色小斑，不久扩展为圆形或椭圆形，病斑逐渐干枯。日常要常开窗通风，降低空气湿度可起到预防的作用。病害发生时，可用70%甲基硫菌灵可湿性粉剂1000倍液喷洒。

锈病：由真菌中的锈菌寄生而引起，常发生于大戟科的多肉植物。如果发生病害，首先会在植株的茎干表皮上出现大块的锈褐色病斑，然后再逐渐向其他部位扩展，有时甚至会蔓延至整个茎部。日常要加强通风，不要在植株的顶部淋水。病害发生时，可将病枝剪除，然后再用12.5%烯唑醇可湿性粉剂2000～3000倍液喷洒。

如何防止多肉植物徒长

徒长指的是多肉植物的生长状态发生紊乱，植株疯长，原有的矮小形态被改变，茎叶无限生长的状态。

多肉植物的徒长，一般有以下几种原因：

第一，没有充足的阳光，多肉植物一般都比较喜欢温暖、充满阳光的生长环境，如果缺少了光照，植株就会变细变长，缺少肉质感。

第二，长期处在背光阴凉的地方。

第三，过度施加肥水。

如果是由于生长环境引起的徒长，我们可以直接改善其生长环境来及时防治。如果是因为生长环境中缺少阳光，可以将植株放到向阳的地方或者在白天将其放到阳台上，让其充分接触阳光。比如红缘莲花掌，如果光照不充足，其叶片边缘的红晕就会消失，从而影响美观。当我们在养护红缘莲花掌的过程中发现了这种情况，应及时将植株放到向阳的地方或者阳台上。经过充分的阳光照射之后，其叶片的红晕才能够慢慢出现。

如果是因为过度施肥引起多肉植物茎干生长过快，需要我们及时采取控制施肥量，减少肥水供应。因为植物肥水过多，引起植株徒长，植株的茎干部分长势会旺盛，这样会影响到植株枝叶以及开花结果，从而影响植株的美观。比如说半球星乙女，如果施肥过量，很容易让其茎节部位向各个方向生长，影响美观的同时，还影响其叶片的茂密程度。出现问题的时候，我们应该从根本上解决问题，才能够保证植株的正常生长。

此外，如果没有明显的原因，但是植株的生长速度又比较快，可以对植株进行适当地修剪和摘心，这样在防止植株过快生长的同时，还能够让植株的枝叶有充足的养分进行生长。修剪的时候可以将其生长过快的茎干头部剪去，也可以根据室内景观的需要进行适当修剪。

CHAPTER 02

龙舌兰科
多肉植物

龙舌兰科植物多数生长于热带或亚热带地区，为多年生肉质植物，大约有20属，形态不一，植株有小型的，也有高大型的。一般有肥厚的叶子，有些叶片中含有丰富的纤维。另外，龙舌兰科中有一大部分植株一生只开一次花，在植株成熟后，会生长出很大的花序，开花的过程很长，通常为一两年，当花朵盛开后，植株就会逐渐枯死。

龙舌兰

别名：龙舌掌、番麻　属名：龙舌兰属　产地：墨西哥

喜光，
日照要充足

生长期每月施腐熟
肥 1 次

生长适温为
15 ~ 25℃

生长期充分浇水

形态特征

龙舌兰为多年生常绿大型草本植物。叶片挺拔，一年四季都青绿可人，通常排列成莲座状。倒披针状线形的肉质叶片长可达 2 米，叶中宽 15 ~ 20 厘米，叶基宽 10 ~ 12 厘米。叶缘有稀疏肉刺，叶端有 1 枚暗褐色的硬尖刺，长 1.5 ~ 2.5 厘米。花序大型，呈圆锥状，高 6 ~ 12 米，开黄绿色花。花期在 5 ~ 6 月。

栽培要点

龙舌兰具有很高的观赏价值，可放置在客厅，或用来布置庭院，也可栽种在花坛中或草坪上。龙舌兰适合在干燥的环境中生长。因此，其盆土要求采用排水性良好的沙质土壤。不要经常给龙舌兰换盆，否则会影响其生长。

金边龙舌兰

别名：金边莲、金边假菠萝　属名：龙舌兰属
产地：美洲的沙漠地带

喜光，
日照要充足

生长期每月施腐熟
肥 1 次

生长适温为
10 ~ 25℃

夏季多浇水，
冬季少浇水

形态特征

金边龙舌兰为多年生常绿草本植物。植株挺拔，稍木质化的茎较短。剑形叶片丛生，排列成莲座状。绿色的肉质叶较光滑，长 20 ~ 140 厘米，叶边带有黄白色的条带，且有红色或紫褐色的锯齿。开黄绿色的肉质花。花期在夏季。

狐尾龙舌兰

别名：无刺龙舌兰　属名：龙舌兰属　产地：墨西哥

喜光，
日照要充足

生长期每月施腐熟
肥 1 次

生长适温为
10 ~ 25℃

夏季多浇水，
冬季少浇水

形态特征

狐尾龙舌兰为多年生常绿植物。植株高可达 1 米，具有粗壮的茎干。叶片密生于短茎上，长卵形，长可达 1 米，宽 20 厘米左右。叶色翠绿，叶表有一层白粉。开黄绿色花，密穗状花序很像狐狸的尾巴，长 3 ~ 7 米。花期在夏季。

雷神

别名：棱叶龙舌兰　属名：龙舌兰属　产地：墨西哥

喜光，
夏季适当遮阴

生长期每月施腐熟
肥 1 次

生长适温为
18 ~ 25℃

生长期保持盆土稍
湿润

形态特征

雷神为多年生肉质植物，株高 15 ~ 20 厘米。叶片为倒卵状匙形，长 20 ~ 30 厘米，基部窄而厚，呈莲座状排列。叶片肥厚，呈三角形剑状，灰绿色，尖端坚挺。叶缘有稀疏肉刺，先端有醒目的红褐色刺。总状花序，长 2 ~ 3 米，花黄绿色。花期在夏季。

王妃雷神

别名：姬雷神　属名：龙舌兰属　产地：墨西哥中南部

喜光，
日照要充足

生长期每月施腐熟
肥 1 次

生长适温为
10 ~ 25℃

夏季多浇水，
冬季少浇水

形态特征

王妃雷神为多年生肉质植物。植株小巧，高 6 ~ 8 厘米，无茎，密集丛生，呈莲座状。叶质厚而软，叶片宽而短，倒卵状匙形，青灰绿色，被白粉。叶缘有稀疏锯齿，齿端长有红褐色的短刺，叶端有 1 枚短刺。总状花序，花黄绿色。花期在夏季。

吹上

别名：无　属名：龙舌兰属　产地：墨西哥东南部

喜光，
日照要充足

每 20 天施腐熟的
稀薄液肥 1 次

最低生长温度为
5℃

见干见湿，
避免盆土积水

形态特征

吹上为多年生肉质植物，是龙舌兰属中的大中型品种。最大株幅可达 1 米，植株无茎。细长而坚硬的叶披针形至线形，呈放射状丛生，组成半球状叶盘。叶色中绿，叶片正面平坦，背面隆起。叶尖有褐色硬刺。花红色或紫红色。花期在夏季。

栽培要点

吹上株型奇特，叶片挺拔，常种植在植物园的沙漠景观地带。也可作大型盆栽，布置于面积较大的客厅、庭院、办公室、会议室等处，增添清新自然的气息。栽植时宜选用肥沃疏松、具有良好的排水性和透气性、含有适量钙质成分的盆土，可用 2 份腐叶土、1 份园土、2 份粗沙、1 份炉渣以及少量的骨粉等石灰质材料混合使用。

泷之白丝

别名：无　属名：龙舌兰属　产地：美洲热带地区

喜光，
日照要充足

每月施腐熟的稀薄
液肥 1 次

喜温暖，冬季温度
不低于 5℃

不干不浇，
浇则浇透

形态特征

泷之白丝为多年生肉质植物。叶子近线形或剑形，硬而厚直，肉质，基部宽厚，上部细长，排列成莲座状，平展或放射状生长。叶表面有光滑的角质层及少许白色线条，叶尖有一个长约 1 厘米的硬刺。深绿色的叶片上，有细长卷曲的白色纤维。开红褐色小花。花期在夏季。

狭叶龙舌兰

别名：薄叶龙舌兰　属名：龙舌兰属　产地：美洲

喜光，
夏季适当遮阴

生长期每月
施肥 1 次

生长适温为
10 ~ 25℃

夏季多喷水，
冬季减少浇水

形态特征

狭叶龙舌兰为多年生常绿草本植物。茎短，25 ~ 50 厘米。叶片呈剑形，长 45 ~ 59 厘米，宽 6 ~ 7 厘米，肉质，呈莲座式排列。叶缘有小刺状锯齿，顶端有 1 枚暗褐色、长约 1 厘米的尖硬刺。花序圆锥状，长可达 7 米，花序有分枝，开淡绿色花。花期在夏季。

笹之雪

别名：维多利亚女王龙舌兰、箭山积雪
属名：龙舌兰属　产地：墨西哥

喜光，
日照要充足

每10天施腐熟的
稀薄液肥1次

生长适温为
15 ~ 25℃

不干不浇，
浇则浇透

形态特征

笹之雪为多年生肉质草本植物。植株整体高度可达40厘米，无茎。叶片呈莲座状排列，三角锥形，轮生。叶有不规则的白色线条，绿色。叶缘及叶背的龙骨突上均有白色角质。叶顶端有坚硬的黑刺。植株生长30年左右才能开花，且一生只开一次。松散的穗状花序高达4米，花淡绿色。

栽培要点

笹之雪整齐有序的叶片，常年给人一种绿意盎然的感觉。坚韧的叶片，漂亮的造型，无需修剪就能给人一种美感。株型较小的，适合放于桌边一角；株型较大的，适合放于室内供人观赏。栽培时盆土选择花园土、腐叶土或粗沙，并加入少量骨粉和贝壳粉。盆土应保证疏松肥沃，排水、透气效果好，每年春季换盆土一次。

小型笹之雪

别名：小型鬼脚掌　属名：龙舌兰属　产地：墨西哥

 喜光，盛夏适当遮阴

 每 10 天施腐熟的稀薄液肥 1 次

 生长适温为 15 ~ 25℃

 生长期要保持盆土稍湿润

形态特征

小型笹之雪为多年生肉质草本植物，为笹之雪的栽培变种。植株无茎，株高 10 厘米左右，株幅 10 ~ 18 厘米。叶片呈三角状锥形，厚质，呈莲座状排列。叶为深绿色，有不规则的白色线条。叶子顶端生有棕色硬刺。

龙发

别名：龙吐水　属名：龙舌兰属　产地：墨西哥

 喜光，盛夏适当遮阴

 生长期每月施肥 1 次

 生长适温为 10 ~ 25℃

 夏季多喷水，冬季减少浇水

形态特征

龙发为多年生常绿草本植物。株高 20 ~ 40 厘米，株幅 30 ~ 50 厘米。叶盘较大，叶片近线形，丛生，呈放射状。叶片青绿色，扁而平，基部较宽，上部细长，稍微向内侧弯曲靠拢。叶子顶端渐尖，呈刺状，为深褐色。

吉祥冠

别名：吉祥天、红刺 **属名：**龙舌兰属
产地：美洲热带地区

喜光，
日照要充足

生长期每月施肥
1次

生长适温为
10 ~ 25℃

生长期要充分
浇水

形态特征

吉祥冠为多年生肉质植物。株高、株幅均为15 ~ 20厘米。叶片基生，呈莲座状排列，短而宽，近菱形。叶质坚硬，淡绿色。叶缘有红褐色刺，略短，叶顶端具1枚长刺，也为红褐色。总状花序，花淡黄色。花期在夏季。

树冰

别名：贝拉、姬乱雪 **属名：**龙舌兰属 **产地：**墨西哥

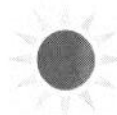
喜光，
盛夏适当遮阴

喜肥，生长期每月
施肥1次

喜温暖，冬季温度
不低于5℃

夏季增加浇水，
冬季减少浇水

形态特征

树冰为多年生肉质植物。株高15 ~ 20厘米，株幅20 ~ 30厘米，植株无茎。叶片笔直而坚硬，窄披针形至线形，呈放射状排列，基部宽而厚，上部细而尖。叶片青绿色，叶缘裂生白色细长纤维，叶尖有褐色硬刺。

吉祥冠锦

别名：姬龙舌兰锦　属名：龙舌兰属

产地：美洲热带地区

喜光，
日照要充足

生长期每月施肥
1 次

生长适温为
15 ~ 30℃

生长期保持盆土
稍湿润

形态特征

吉祥冠锦为多年生常绿草本植物。植株直径可达 20 ~ 25 厘米，青绿或灰绿色肉质叶，呈莲座状排列。倒广卵形叶片长 8 ~ 10 厘米，宽 4 ~ 6 厘米，上半部稍宽，叶端较尖。叶片边缘有墨褐色的短锯齿，叶顶端有红褐色至紫褐色的硬刺。叶表被有一层白粉，叶片边缘或叶片中央有黄色或白色条纹。总状花序，花淡黄色。花期在夏季。

栽培要点

吉祥冠锦叶片坚挺，斑锦似重彩勾勒的株型，俏丽的叶色，观赏价值极高，为园艺品种。适合布置植物园景观，供长期观赏。栽培时冬季要注意保温，换水的时候可以用 12 ~ 18℃的温水。吉祥冠锦的抗性强，只要注意管理就可以安全过冬。它适合干燥的环境，宜采用排水性良好、肥沃而湿润的沙质土壤。

蓝刺仁王冠

别名：无　**属名：**龙舌兰属　**产地：**美洲热带地区

喜光，
盛夏适当遮阴

每月施腐熟的稀薄
液肥 1 次

不耐寒，冬季温度
不低于 5℃

不干不浇，
浇则浇透

形态特征

蓝刺仁王冠为多年生肉质植物，是仁王冠的栽培品种。植株无茎，株型较小，株高、株幅均为 20 ~ 30 厘米。叶片宽厚矮短，似菱形，呈莲座状排列。叶缘有稀疏短刺，叶顶端有 1 枚尖锐的深蓝色长刺。叶面蓝绿色。

五色万代锦

别名：五色万代、五彩万代　**属名：**龙舌兰属
产地：美洲

喜光，
忌烈日暴晒

生长期每月施薄肥
1 次

喜温暖，冬季温度
不低于 10℃

生长期保持土壤稍
湿润

形态特征

五色万代锦为多年生肉质植物。植株无茎，株高 20 ~ 25 厘米。叶片肉质，剑形，中间稍凹，呈莲座状排列。叶质坚硬，有韧性，不易折断。叶面分 5 个条状色带，叶子中间黄绿色，两边墨绿色，边缘为黄色。叶缘呈波浪形，有淡褐色肉齿，叶尖有褐色硬刺。

黄纹巨麻

别名： 金心缝线麻　**属名：** 万年兰属

产地： 西印度群岛及巴西

 喜光，也耐半阴

 每半月施腐熟的稀薄液肥1次

 生长适温为10～25℃

 生长期保持盆土稍湿润，忌积水

形态特征

黄纹巨麻为多年生肉质草本植物。株高1米左右，株幅2～2.5米。叶片宽披针形，肉质，呈莲座状排列。叶面绿色，中间具有白色和乳黄色纵向条纹。圆锥状花序，花白色，外瓣绿色，长5厘米左右。花期在夏季。

黄边万年兰

别名： 金边缝线麻　**属名：** 万年兰属

产地： 墨西哥、哥伦比亚

 喜良好的日照

 每月施肥1次

 喜温暖，冬季不低于10℃

 生长期需要充分浇水

形态特征

黄边万年兰为多年生肉质草本植物。株高约1米，短茎。叶片剑形，呈莲座状排列。叶中绿色，边缘有黄色纵向条纹和尖锐的锯齿，叶色四季清新。圆锥状花序，开花时花葶可高达5～6米，花白色，长6～7厘米。花期在夏季。

酒瓶兰

别名：象腿树　属名：酒瓶兰属　产地：墨西哥

喜光，
夏季适当遮阴

每半月施稀薄液肥
1次

生长适温为
16～28℃

耐旱，
浇水不宜过多

形态特征

酒瓶兰为常绿小乔木观叶植物。株高可达5米，具有肉质地下根及庞大的茎。灰白色或褐色的茎干较挺拔，下部肥大，呈酒瓶状。茎干具有厚木栓层的树皮，龟裂成小方块。革质叶片簇生于单一的茎干顶，线形，全缘或细齿缘，呈软垂状。开白色小花，花序呈圆锥状，从叶丛中长出，但10年以上的植株才能开花。花期在夏季。

栽培要点

酒瓶兰植株表皮龟裂，像龟甲一样，很有特色。常作为观赏茎叶花卉，小型植株可以放在客厅、书房、玄关等处进行装饰，能够带给人别致的感觉。中大型盆栽可用来布置会场、厅堂、会议室等，也有很好的观赏性。盆栽宜用肥沃的沙质土壤，用园土、腐叶土及粗沙等量配制。每年春季或秋后换盆换土。

虎尾兰

别名：虎皮兰、千岁兰、虎尾掌、锦兰

属名：虎尾兰属　**产地：**非洲西部

喜光，忌烈日暴晒

生长期每月施复合肥 1 ~ 2 次

生长适温为 20 ~ 30℃

适量浇水，宁干勿湿

形态特征

虎尾兰为多年生肉质草本植物。有横走根状茎。叶片基生，硬革质，直立，扁平，呈长条状披针形，基部稍呈沟状。叶面暗绿色，有浅绿色和深绿相间的横向斑纹，向下部逐渐变窄成长短不等的、有槽的柄。总状花序，花白色至淡绿色，每 3 ~ 8 朵簇生。花期在 11 ~ 12 月。

栽培要点

虎尾兰的株型和叶色因品种不同变化较大，是常见的室内观叶植物。其叶片挺直，叶表有灰白和深绿相间的虎尾状横带斑纹，用来装饰客厅、书房及各种会场都非常适合，可供较长时间欣赏。栽培时宜选用疏松的沙土和腐殖土，可用 3 份园土、1 份煤渣，以及少量豆饼屑或禽粪做基肥。2 年换盆 1 次，春季进行。

圆叶虎尾兰

别名： 棒叶虎尾兰、筒叶虎尾兰、筒千岁兰
属名： 虎尾兰属　**产地：** 安哥拉

喜充足柔和的阳光

每半月施腐熟的稀薄液肥 1 次

不耐寒，最低生长温度为 5℃

生长期浇水做到干透浇透

形态特征

圆叶虎尾兰为多年生肉质草本植物。茎极短，叶片肉质，直立，呈细圆棒状，顶端尖细。叶长 80 ~ 100 厘米，粗 3 厘米，表面深绿色，有横向的灰绿色虎纹斑。总状花序，花小，呈筒状，白色或淡粉色。花期在夏季。

金边虎尾兰

别名： 金边虎皮兰　**属名：** 虎尾兰属
产地： 非洲热带地区和印度

喜光，日照要充足

生长期每周施薄肥 1 次

生长适温为 20 ~ 25℃

耐干旱，盆土要干透再浇水

形态特征

金边虎尾兰为多年生肉质草本植物。株高可达 1 米。剑形革质叶片丛生，直立，长 30 ~ 50 厘米，宽 4 ~ 6 厘米，全缘，叶端较尖。叶浅绿色，有白色和深绿色的横向虎纹斑，叶表有较厚的蜡质层。叶缘有金黄色镶边。花期在 11 月。

CHAPTER 03

百合科
多肉植物

百合科植物约230属，4000多种，分布全球，但主要产于温带和亚热带地区。百合科多肉植物中多数为多年生草本植物，少数为灌木或乔木。叶片基生、互生或轮生，地下有鳞茎、根状茎、球茎或块茎，花序多样，有总状、圆锥状等。

库拉索芦荟

别名：巴巴芦荟　属名：芦荟属　产地：西印度群岛

喜光，
日照要充足

每半月施腐熟的有
机肥 1 次

生长适温为
10 ~ 25℃

春季、夏季多浇水，
冬季适当浇水

形态特征

库拉索芦荟为多年生肉质草本植物。株高 60 厘米，茎较短。叶肥厚多汁，直立或近于直立，簇生于茎顶。灰绿色叶长 14 ~ 36 厘米，宽 2 ~ 6 厘米，呈狭披针形，先端渐尖，基部宽阔。叶片表面带沟，叶缘有粉红色刺状小齿。总状花序疏散，花呈管状，黄色。花期在 2 ~ 3 月。

芦荟女王

别名：多叶芦荟、螺旋芦荟　属名：芦荟属　产地：南非

喜光，
日照要充足

每半月施发酵的有
机肥 1 次

生长适温为
15 ~ 20℃

夏季多浇水

形态特征

芦荟女王为多年生肉质草本植物。植株多单生。叶片短而阔，绿色至黄绿色，呈三角形。老叶片顶端成钝角，呈螺旋状排列，通常有 5 层螺旋，整体呈圆盆状。叶缘有稀疏肉刺，成熟时叶尖端呈褐色。花红色，苞片白色。花期在春季、夏季。

不夜城芦荟

别名： 不夜城、大翠盘、高尚芦荟　**属名：** 芦荟属
产地： 南非

喜光，
日照要充足

每 15 ~ 20 天施薄肥 1 次

生长适温为 20℃左右

不干不浇，
浇则浇透

形态特征

不夜城芦荟为多年生肉质草本植物。植株高 30 ~ 50 厘米，单生或丛生，茎粗壮。绿色叶片披针形，肉质肥厚，幼苗时互生排列，成株则为轮状互生。叶缘四周长有白色的肉齿，叶面及叶背长有散生的、凸起的白色肉质。总状花序较松散，从叶丛上部抽出，橙红色小花，呈筒形。花期在冬末至早春。

栽培要点

不夜城芦荟叶片紧凑，株型优美雅致，叶色碧绿可人，可作为中小型家庭盆栽，放置于窗台、书桌等处，具有很好的装饰作用。栽培时宜选用疏松肥沃、排水和透气性良好的沙质土壤，可用 2 份腐叶土、2 份沙土和 1 份园土，再加入少量腐熟的骨粉或草木灰作基肥。每年需换 1 次盆。

琉璃姬孔雀

别名：毛兰、羽生锦　属名：芦荟属　产地：马达加斯加

 喜光，也耐半阴

 生长期每半月施薄肥 1 次

 喜温暖，最低生长温度为 8℃

 生长期多浇水

形态特征

琉璃姬孔雀为多年生肉质植物。株高 6 厘米，株幅 10 厘米，无茎。叶片肉质，丛生，呈莲座状排列。叶深绿色，有时变红色，剑形，长约 4 厘米。叶缘有白色齿状物，叶顶端有刺。总状花序，长 30 厘米，花呈筒状，橙色，长约 1 厘米。花期在夏季。

翡翠殿

别名：无　属名：芦荟属　产地：南非

 喜光，也耐半阴

 每半月施发酵的有机肥 1 次

 生长适温为 20 ~ 30℃

 生长期充分浇水，忌积水

形态特征

翡翠殿为多年生肉质植物。株高 30 ~ 40 厘米，株幅 20 厘米。叶片螺旋状互生，三角形，淡绿色至黄绿色。叶缘有白色的齿状物，叶面和叶背都有不规则的白点。总状花序，长达 25 厘米，开橙黄至橙红色小花。花期在夏季。

卧牛

别名：厚舌草　属名：沙鱼掌属　产地：南非、纳米比亚

 喜光，忌强光直射

 每月施肥 1 次

 生长适温为 18 ~ 21℃

 春、秋季每周浇水 1 次

形态特征

卧牛为多年生肉质草本植物。植株无茎。叶片肉质，肥厚，舌状，两列叠生，长 3 ~ 5 厘米，宽 3 厘米左右。叶片墨绿色，质感粗糙，先端有尖，表面有白色小疣，叶尖背面有明显的龙骨突。总状花序，高 20 ~ 30 厘米，花呈筒状，上绿下红，下垂。花期在春末至夏季。

卧牛锦

别名：无　属名：沙鱼掌属　产地：南非

 喜柔和充足的阳光

 每月施肥 1 次

 生长适温为 18 ~ 21℃

 保持盆土湿润，忌积水

形态特征

卧牛锦为多年生肉质草本植物，是卧牛的斑锦变异品种。叶片肥厚坚硬，舌状，先端渐尖，呈两列叠生。叶长 3 ~ 7 厘米，宽 3 ~ 4 厘米。叶面深绿色，比卧牛稍有光泽，密布小疣突，嵌有黄色纵向斑纹。叶背有明显的龙骨突。总状花序，花呈筒状，上绿下橙。花期在春末至夏季。

子宝

别名：元宝花　属名：沙鱼掌属　产地：南非

 喜半阴

 每月施有机肥1次

 喜温怕冷，最低温度为15℃

 不干不浇，浇则浇透

形态特征

子宝为多年生肉质草本植物。植株较矮。叶片肉质，肥厚，舌状，叶表光滑，有白色斑点。叶片长2～5厘米，宽1～2.5厘米。绿色的叶片经暴晒后可变成红色。花秆由叶片根部伸出，大多开红绿色的小花。花期在冬季至翌年春季。

玉露

别名：无　属名：十二卷属　产地：南非

 喜光，不耐阴

 每月施有机肥1次

 不耐寒，最低温度为15℃

 不干不浇，浇则浇透

形态特征

玉露为多年生肉质草本植物。植株初为单生，逐渐生长为群生。叶肉质，肥厚饱满，排列成紧凑的莲座状。叶片翠绿色，上端呈透明或半透明状，有颜色较深的线状脉纹，如果光照充足，其脉纹会变为褐色。叶顶端有细小的“须”。总状花序较松散，小花白色。花期在夏季。

水晶掌

别名：宝草　属名：十二卷属　产地：南非

喜光，
忌烈日暴晒

每月施稀薄的复合
肥水 1 次

生长适温为
20 ~ 25℃

生长期保持盆土
湿润

形态特征

水晶掌为多年生肉质草本植物。植株有短茎，株高 5 厘米左右。叶片肉质，肥厚，长圆形或匙状，互生于短茎上，呈莲座状紧密排列。叶色翠绿，叶肉呈半透明状，叶面间有青色的斑块，叶缘有白色的细锯齿，似茸毛。总状花序顶生，花两性，花葶纤细，从叶簇中央的叶腋间抽出，高于叶簇，花极小。

栽培要点

水晶掌株型小巧玲珑，颜色晶莹碧绿，就像一朵盛开的翡翠莲花，非常精巧漂亮。可作为家庭小型盆栽，多摆在阳台、桌案等处，给人心旷神怡之感。栽培时宜选用肥沃、排水性良好的沙质土壤，可用壤土和粗沙各半混合配制，酌情加入少量骨粉作为培养土。

条纹十二卷

别名：锦鸡尾、条纹蛇尾兰　属名：十二卷属

产地：非洲南部干旱地区

喜光，
夏季适当遮阴

生长期每 3 周施肥
1 次

生长适温为
16 ~ 20℃

干透浇透

形态特征

条纹十二卷为多年生肉质草本植物。植株较小，无茎，基部抽芽，群生。叶片紧密轮生，三角状披针形，先端渐尖，呈莲座状排列。叶面扁平，深绿色。叶背绿色，有横生整齐的白色瘤状突起，形成横向白色条纹。总状花序，花呈筒状，花葶长约 1.5 厘米，小花绿白色。花期在夏季。

栽培要点

条纹十二卷是较为常见的小型多肉植物。叶片肥厚，上面有许多突起的白色星点，很是清新雅致。这些突起的白色星点横向排列成带状，与深绿色的叶面相互映照，观赏性很高。可将其种植在造型美观的花盆中，放在书桌、窗台等处，有很好的装饰作用。栽培时宜选用肥沃疏松、排水良好、营养丰富的沙壤土，可用腐叶土配制。

琉璃殿

别名：旋叶鹰爪草　属名：十二卷属　产地：南非

喜光，也耐半阴

每月施肥 1 次

生长适温为
18 ~ 24℃

盆土保持湿润，
忌时干时湿

形态特征

琉璃殿为多年生肉质草本植物。叶呈卵圆状，三角形，叶片 20 枚左右，形成莲座状叶盘，螺旋状排列。叶先端渐尖，正面凹，背面有明显的龙骨突。叶面深绿色，有许多绿色小疣组成的横条纹，就像一排排琉璃瓦。总状花序，花白色。花期在夏季。

琉璃殿锦

别名：无　属名：十二卷属　产地：南非

喜光，
夏季适当遮阴

每月施肥 1 次

生长适温为
18 ~ 24℃

干透浇透

形态特征

琉璃殿锦为多年生肉质草本植物，是琉璃殿的斑锦品种。叶呈卵圆状，三角形，几十枚叶片形成莲座状叶盘，呈螺旋状排列，似风车。叶先端渐尖，正面凹，背面有明显的龙骨突。叶面深绿色，间有黄白色条纹，有许多绿色小疣组成的横条纹，呈瓦棱状。总状花序，花白色。花期在夏季。

雄姿城

别名：无　属名：十二卷属　产地：南非

喜光，
忌强光直射

每月施肥 1 次

生长适温为
18 ~ 24℃

生长期保持盆土
稍湿润

形态特征

雄姿城为多年生肉质草本植物，是琉璃殿的变种。植株矮小，但比琉璃殿稍大。叶呈卵圆状，三角形，叶片呈螺旋状排列，形成莲座状叶盘。叶先端渐尖，叶面深绿色，有许多绿色小疣突起组成的横向条纹，呈瓦棱状，叶背也有瓦楞状条纹。总状花序，花白色。花期在夏季。

银雷

别名：无　属名：十二卷属　产地：南非

喜光，
夏季适当遮阴

每月施肥 1 次

生长适温为
15 ~ 25℃

夏季多浇水，
冬季控制浇水

形态特征

银雷为多年生肉质植物。株高 5 厘米左右，株幅 10 厘米左右，无茎矮生。叶片肉质肥厚，顶面三角形，叶端渐尖，不透明，长 3 ~ 7 厘米。叶面青绿色，布满了细小的白色颗粒，形似茸毛。总状花序，花呈筒状，较小，白色。花期在夏季。

玉扇

别名：截形十二卷　属名：十二卷属　产地：南非

喜充足柔和的阳光

每 20 天施稀薄液肥 1 次

生长适温为 10 ~ 25℃

保持盆土湿润，忌积水

形态特征

玉扇为多年生肉质植物。植株矮小，无茎，根系粗壮。叶片肉质，直立，向两侧伸长，略向内弯，顶部稍凹陷，呈截面状，对生，排成两列，呈扇形。叶面绿色至暗绿褐色，上有小疣状突起，部分透明，呈灰白色。总状花序，花茎长 20 ~ 25 厘米，筒状花白色，中间则为绿色。花期在夏季至秋季。

栽培要点

玉扇整株看来就像一把扇子，肥厚的叶片有着美丽的色泽，叶端透明如窗，上有清晰且多变的花纹，就像一件独具特色的工艺美术品，可作为家庭盆栽装饰桌案、阳台等处。栽培时盆土宜选用疏松肥沃、排水性良好的沙质土壤，可用腐叶土掺蛭石及少量骨粉等混合配制。每年春季或秋季换盆 1 次，换盆时应将烂根剪掉。

万象

别名：毛汉十二卷、象脚草　属名：十二卷属
产地：南非开普省

喜光，
盛夏适当遮阴

生长期每月施肥
1次

最低生长温度为
5℃

干透浇透，忌积水

形态特征

万象为多年生肉质植物。植株矮小，无茎。叶片肉质，呈半圆筒状，似象腿，从基部斜出，向上伸，排成松散的莲座状，长2.5～5厘米。叶片顶端截形，有透明“小窗”，叶面粗糙，有闪电般的花纹。叶色深绿、灰绿或红褐。总状花序长约20厘米，小花8～10朵，白色花有绿色中脉。花期在春季、夏季。

栽培要点

万象株型独具特色，小巧玲珑的肉质叶显得非常秀美，叶端的小“窗”晶莹剔透。可以作为小型盆栽放置在书桌、窗台、阳台等处，具有很好的装饰作用。栽培时宜选用疏松肥沃、排水透气性良好，含适量的石灰质的盆土，可用粗沙、腐叶土、草炭土，并加入少许骨粉等材料混合配制。每1～2年的春季或秋季换土1次。

玉扇锦

别名：无　属名：十二卷属　产地：南非

喜光，也耐半阴

每月施肥 1 次

不耐寒，最低生长温度为 5℃

不干不浇，浇则浇透

形态特征

玉扇锦为多年生肉质植物，是玉扇的锦斑变异品种。株高 2 厘米左右，株幅 10 厘米左右，无茎。叶片肉质，直立，向两侧伸长，略向内弯，顶部稍凹陷，呈截面状，对生，排成两列，呈扇形。叶面有黄色或者白色纵向斑纹，或呈丝状，或呈块状。花白色。花期在夏季。

九轮塔

别名：霜百合　属名：十二卷属　产地：纳米比亚

喜光，日照要充足

每年施肥 2 ~ 3 次

最低生长温度为 5℃

不干不浇，浇则浇透

形态特征

九轮塔为多年生常绿多肉草本植物。整个植株呈柱状，茎短，不向高处生长。叶片肥厚，长 3 ~ 5 厘米，先端渐尖，向内侧弯曲，呈轮状抱茎。叶背上布满明显的白色疣点，呈纵向排列。总状花序，花淡粉色或者白色，管状，长 2 厘米。花期在春季。

CHAPTER 04

大戟科
多肉植物

大戟科植物广布全球，但多数生长在热带和亚热带地区。300余属，5000种。大戟科多肉植物中多为乔木、灌木或草本植物，体内常有白色乳状汁液，叶片多为单叶，互生，少数有复叶，对生或轮生。叶片常退化为鳞片状，边缘全缘或有锯齿。花单性，雌雄同株或异株，通常为聚伞或总状花序。

铜绿麒麟

别名：铜缘麒麟　属名：大戟属　产地：南非

喜光，
日照要充足

生长期每半月施薄
肥 1 次

最低生长温度为
10℃

生长期充分浇水，
忌积水

形态特征

铜绿麒麟为灌木状多肉植物。植株中型，茎铜绿色，圆柱状，从基部分枝为 4 ~ 5 棱，形成密集多刺的灌丛。茎枝的棱缘上生有倒三角形或“T”字形的红褐色斑块，斑块上端生有 4 枚红褐色的刺，整体似狼牙棒。聚伞花序，花黄色。花期在春季。

峨眉之峰

别名：峨眉山　属名：大戟属　产地：南非

喜光，
日照要充足

每 20 天左右施薄
肥 1 次

最低生长温度为
10℃

生长期浇水要见干
见湿

形态特征

峨眉之峰为矮生多年肉质植物，是苏铁大戟和玉麟凤的杂交品种。植株群生。株高 15 厘米左右，株幅 20 厘米左右。茎干短而粗，粗 2 ~ 3 厘米，呈陀螺状，褐绿色。表皮生有稀疏的乳状突起，无刺。叶片为长椭圆形，轮状互生于茎顶，绿色。花单生，绿色至红色。花期在春末。

彩云阁

别名：三角大戟、三角霸王鞭、龙骨柱
属名：大戟属　**产地：**非洲南部

喜光，也耐半阴

每半月施腐熟的稀薄液肥 1 次

喜温暖，最低生长温度为 5℃

生长期应充分浇水

形态特征

彩云阁为灌木状肉质植物。植株多分枝，主干较短，肉质分枝轮生于主干四周，且都垂直向上生长，有 3 ~ 4 道棱，棱缘呈波浪形，且有坚硬的短齿，先端有一对红褐色刺。茎表皮绿色，有不规则的黄白色晕纹。叶片绿色，长卵圆形，生于分枝上部的棱上。杯状聚伞花序，黄绿色。花期在夏季，但在盆栽的条件下很难开放。

栽培要点

彩云阁整齐、绚丽的叶片使其株型显得特别挺拔、优美，可作为盆栽装饰厅堂、卧室及会议场所等处，也可与仙人掌类多肉植物组合成造型各异的盆景。还可以地栽的方式布置沙漠植物景观。栽培时盆土宜选用疏松肥沃、排水性良好的沙质土壤，掺入一定量的河沙。每年春季换盆 1 次。

红彩云阁

别名：红龙骨　属名：大戟属　产地：纳米比亚

喜光，
日照要充足

每月施薄肥 1 次

最低生长温度为
5℃

生长期充分浇水

形态特征

红彩云阁为灌木状肉质植物，是彩云阁的栽培品种，形态与彩云阁相似。植株多分枝，主干较短，分枝轮生于主干周围，具 3 ~ 4 棱，棱缘呈波浪形，有坚硬的短齿，先端有红褐色对生刺。茎表皮有不规则的白色晕纹。茎叶暗紫红色，在光线不足时也带绿色。聚伞花序，黄绿色。花期在夏季。

白桦麒麟

别名：玉鳞凤锦　属名：大戟属　产地：南非

喜光，
日照要充足

每月施薄肥 1 次

生长适温为
10 ~ 25℃

生长期充分浇水

形态特征

白桦麒麟为多年生肉质草本植物，是玉麟凤的斑锦品种。株高、株幅均为 20 厘米左右。茎矮小，肉质，基部多分枝，呈群生状，具 6 ~ 8 棱，呈白色的六角状瘤块。叶片早落。杯状聚伞花序，花红褐色，花谢后花梗残留在茎上，似短刺，淡黄色。花期在秋季、冬季。

贝信麒麟

别名：幸福麒麟　属名：大戟属　产地：南非

 喜光，也耐半阴

 每月施薄肥 1 次

 生长适温为 15 ~ 25℃

 生长期保持盆土稍湿润

形态特征

贝信麒麟为多年生肉质植物。植株中型。茎呈圆柱状，高可达 2 米，肉质，有分枝，粗 3 厘米左右，灰白色，表面生有明显的乳状突起，叶片就着生于突起顶端。叶片呈倒卵形，肉质，深绿色，簇生于茎顶。杯状聚伞花序，花黄色。花期在冬季。

红刺麒麟

别名：无　属名：大戟属　产地：南非

 喜光，也耐半阴

 每月施稀薄液肥 1 次

 生长适温为 10 ~ 25℃

 生长期保持盆土稍湿润

形态特征

红刺麒麟为多年生肉质植物。植株中型，株型优雅。基部有侧生茎，或呈群生状。茎呈圆柱状，肉质肥厚，比较粗壮，有 7 ~ 8 道棱，多分枝，绿色。棱上有不规则的小疣突起，生有红色刺，幼时呈鲜红色，成熟时呈红褐色，长 1 厘米左右。花期在秋季、冬季。

绿威麒麟

别名：绿威大戟　属名：大戟属　产地：坦桑尼亚

喜光，日照要充足

每月施薄肥 1 次

最低生长温度为 10℃

耐干旱，生长期适量浇水

形态特征

绿威麒麟为灌木状肉质植物。株高 30 厘米左右，株幅 40 厘米左右。茎细长，有 4 道棱，呈蓝绿色。棱沟有不规则的黄绿色晕纹，棱缘呈波浪形，棱上刺座突出，有 4 ~ 5 枚短刺簇生，黑褐色。花呈杯状，黄白色。花期在夏季。

狗奴子麒麟

别名：无　属名：大戟属　产地：非洲

喜光，日照要充足

每月施薄肥 1 次

生长适温为 10 ~ 25℃

生长期适量浇水

形态特征

狗奴子麒麟为灌木状肉质植物。块状根，粗约 5 厘米。茎肉质，薯状，褐色，呈群生状。茎顶端生有较多的肉质灰绿色分枝，呈四棱形，较弯曲。棱缘刺座突出，生有褐色针刺，刺座顶端开黄色小花。棱沟有不规则的绿白色晕纹。花期在秋季、冬季。

螺旋麒麟

别名：无　属名：大戟属　产地：非洲南部

喜光，也耐半阴

每20天施腐熟的稀薄液肥1次

最低生长温度为10℃

干透浇透

形态特征

螺旋麒麟为多年生肉质植物。植株无叶。肉质茎呈圆柱状，有3道棱，呈顺时针或逆时针方向螺旋状生长。绿色茎上生有不规则的淡黄白色晕纹。波浪形的棱缘上有对生的尖锐小刺，新刺为红褐色，老刺颜色变成黄褐色至灰白色。小花黄色，生于茎的顶部或上部。花期在夏季、秋季。

麒麟掌

别名：麒麟角、玉麒麟　属名：大戟属　产地：印度东部

喜光，忌烈日暴晒

生长期每月施腐熟的矾肥水1次

生长适温为22～28℃

耐旱，宁干勿湿

形态特征

麒麟掌为多年生肉质植物，是霸王鞭的变异品种。植株中型，姿态优雅，茎叶均肉质。肉质茎呈不规则的鸡冠状、扁平扇形或掌状扇形，表面生有稀疏的小疣突起。肉质叶簇生于茎顶端及边缘。植株嫩时呈绿色，老时黄褐色并木质化。花期在秋季，但很少开花。

虎刺梅

别名：铁海棠、麒麟刺　属名：大戟属　产地：非洲

喜光，也耐阴

每年春季施薄肥 2 ~ 3 次

最低生长温度为 0℃

耐干旱，浇水不宜多

形态特征

虎刺梅为灌木状肉质植物。茎分枝较多，长 60 ~ 100 厘米，呈细圆柱状，有纵棱，密生硬而尖的褐色锥状刺，刺长 1 厘米，呈旋转状，排列于棱背上。叶互生，集中于嫩枝上，倒卵形或长圆状匙形，先端圆，基部渐狭，全缘，深绿色。花呈杯状，苞片小，对称，黄红色。花期为全年。

栽培要点

虎刺梅的花小巧秀气，颜色鲜红可爱，加上其茎干上密布的小刺，给人一种独特的美感。而且其栽培容易，花期较长，是深受欢迎的盆栽植物。常见于公园、植物园和庭院中栽培，有很好的观赏效果。虎刺梅柔软的嫩茎可以用来绑扎孔雀等造型，摆放在宾馆、商场等处很是吸引人。栽培时以疏松、排水性良好的腐叶土最好。

小基督虎刺梅

别名：无　属名：大戟属　产地：非洲

喜光，
忌烈日暴晒

每月施肥1次

生长适温为
20～25℃

生长期充分浇水

形态特征

小基督虎刺梅为小型灌木肉质植物，是虎刺梅的栽培品种。植株比虎刺梅矮小、细弱。茎圆柱状，多分枝，有纵棱，密生硬而尖的褐色锥状刺。叶互生，几乎为圆形，全缘，深绿色，很少落叶。花小，不显著，苞片广且呈卵形，对称，红色。花期在春季、夏季。

大花虎刺梅

别名：皇帝梅　属名：大戟属　产地：非洲

喜光，
盛夏适当遮阴

每半月施肥1次

最低生长温度为
10℃

生长期充分浇水

形态特征

大花虎刺梅为灌木状肉质植物，是虎刺梅的大花品种。茎粗，圆柱状，富韧性。茎有分枝，有棱沟线，着生淡褐色锐刺。叶片较大，深绿色，并且不易脱落。聚伞花序，生于枝顶。花由绿变红，苞片较大，阔卵形或肾形。花期在春季、夏季。

魁伟玉

别名：恐针麒麟　属名：大戟属　产地：南非

喜光，
忌烈日暴晒

每月施肥 1 次

生长适温为
18 ~ 25℃

生长期保持盆土
稍湿润

形态特征

魁伟玉为多年生肉质植物。植株无叶或早脱落，幼时球形，常群生。肉质茎呈圆筒形，绿色，被白粉，有 10 道棱以上，有明显且平行排列的深色横肋，棱缘上生有红褐色或深褐色硬刺，容易脱落。聚伞花序，花紫红色。花期在秋季，但盆栽条件下不易开花。

琉璃晃

别名：琉璃光　属名：大戟属　产地：南非

喜光，
日照要充足

生长期每月施肥
1 次

生长适温为
15 ~ 25℃

生长期每周浇水
1 次

形态特征

琉璃晃为多年生肉质植物。植株矮小。茎短，呈圆筒形，绿色，旁边容易生出不定芽，常群生，茎有 12 ~ 20 条纵向排列的锥状疣突。叶片着生于每个疣突的顶端，细小，脱落早。花开在顶端棱角的软刺之间，聚伞花序，呈杯状，黄绿色。花期在夏季。

光棍树

别名：绿玉树、绿珊瑚　**属名：**大戟属
产地：非洲地中海沿岸国家

喜光，日照要充足

生长期每 7 ~ 10 天施液肥 1 次

生长适温为 25 ~ 30℃

春季到秋季可 1 ~ 2 天浇水 1 次

形态特征

光棍树为灌木状肉质植物。植株可高达 2 ~ 9 米。主干呈圆柱状，绿色，多分枝，肉质枝条较细，对生或轮生。叶片细小互生，呈线形或鳞片状，为了减少水分蒸发脱落得较早，所以植株常呈无叶状态。聚伞花序杯状，生于枝顶或节上，总花梗较短，总苞呈陀螺状，花冠为 5 瓣，黄白色，苞片细小。花期在 6 ~ 9 月。

栽培要点

光棍树因其耐旱、耐盐、耐风的特点而常作为海边防风林的树种。由于气候原因，在南方常作为行道树；在北方常温室栽培观赏。栽培时宜选用疏松、排水效果好的沙质土壤。可用 2/3 的腐叶土和 1/3 的园土混合，再加少许河沙作为培养土。盆底放一些碎石或瓦片可有利于排水。每1 ~ 2年翻盆1次。

蛮烛台

别名：华烛麒麟　属名：大戟属　产地：南非

喜光，
日照要充足

生长期每月施肥
1 次

生长适温为
10 ~ 25℃

生长期每周浇水
1 次

形态特征

蛮烛台为乔木状肉质植物。植株较大，株高 10 ~ 20 米，株幅 2 ~ 3 米。肉质茎，呈柱状，多分枝，四角形或五角形，颜色为中绿至深绿，形成长约 15 厘米的宽菱角冠茎，形状很像烛台或宝塔。棱缘有齿状脊，生有一对刺和小叶。花紫红色，较小。花期在春季。

春峰之辉

别名：春峰锦、彩春峰　属名：大戟属
产地：印度、斯里兰卡

喜光，
盛夏适当遮阴

生长期每 20 天施
肥 1 次

生长适温为
10 ~ 25℃

生长期保持盆土
稍湿润

形态特征

春峰之辉为多年生肉质植物，是春峰的斑锦品种。株高、株幅均为 15 厘米左右。肉质茎，扁化成鸡冠状或扇形，横向伸展。栽培中经常发生色彩的变异，有暗紫红、乳白、淡黄色、红色镶边、斑纹。茎表面有龙骨突起。很少开花。

帝国缀化

别名：金麒麟　**属名：**大戟属　**产地：**非洲南部

喜光，
盛夏适当遮阴

生长期每 20 天施
肥 1 次

生长适温为
10 ~ 25℃

生长期保持盆土
稍湿润

形态特征

帝国缀化为多年生肉质植物，是帝国的缀化变异品种。植株表面有龙骨状突起，呈扇形。肉质茎扭曲样生长，就像一座层峦叠翠的山峰。茎表皮深绿色，生有黑褐色的短刺。小叶绿色，不明显，而且脱落得较早，因此常给人植株不长叶子的印象。花期在夏季。

布纹球

别名：晃玉、奥贝莎　**属名：**大戟属　**产地：**南非

喜光，
夏季适当遮阴

生长期每 20 天施
肥 1 次

最低生长温度为
5℃

适当浇水，
夏季、冬季保持干燥

形态特征

布纹球为多年生肉质植物，雌雄异株。植株呈圆球形，直径 8 ~ 12 厘米。有 8 道棱，整齐。整体绿色，球体略扁圆，表皮有布纹般纵横交错的红褐色条纹，且顶部较密。棱缘上着生许多小钝齿，褐色。小巧的黄绿色花朵开在球体顶部的棱缘上。花期在夏季。

将军阁

别名：里氏翡翠塔　属名：翡翠塔属　产地：东非

喜光，也耐半阴

每月施复合肥 1 次

最低生长温度为 5℃

干透浇透，忌积水

形态特征

将军阁为多年生肉质植物。植株矮小，基部多分枝。灰白色的肉质根，呈球状，常有一半露出土面。深绿或浅绿色的肉质茎初始为圆球状，慢慢长成圆柱状，有线状凹纹，表面布满菱形的瘤状突起。肉质叶片呈卵圆形，边缘稍有波状起伏，绿色，轮生于瘤突顶端，常早脱落，留下白色点痕。假伞状花序，总苞黄绿色，花淡粉红色。花期在夏季。

栽培要点

将军阁株型奇特，翠绿可爱，可作为小型家庭盆栽点缀阳台、窗台等处，给人以清新雅致的感觉。另外，由于其相对珍贵而稀有，适合植物爱好者作为品种收集栽培。栽培时宜选用疏松肥沃、排水和透气性良好的沙质土壤，可用 2 份腐叶土、1 份园土、3 份粗沙或蛭石，再加少许腐熟的骨粉混合配制。每隔 1 ~ 2 年春季换盆 1 次。

玉麟宝

别名：松球麒麟　属名：大戟属　产地：南非

 喜半阴

 生长期每月施肥1次

 生长适温为10～25℃

 适当浇水，冬季保持干燥

形态特征

玉麟宝为多年生肉质植物。株高、株幅均可达15厘米，块根常埋藏于地下。茎的形状不一，有球状也有长球状，绿色至灰色。茎节上会生出细长的肉质枝条，嫩绿色。叶片较小，绿色，容易脱落，脱落后会在茎上留下微小的白色点痕。杯状聚伞花序，花淡黄色。花期在秋季。

佛肚树

别名：珊瑚油桐　属名：麻疯树属　产地：中美洲

 喜光，日照要充足

 生长期每半月施肥1次

 生长适温为10～30℃

 生长期保持盆土稍干燥

形态特征

佛肚树为多年生肉质灌木。植株高0.3～1.5米，茎基部膨大成卵圆状棒形，茎表皮灰色，易脱落。叶片呈盾形，簇生于分枝顶端，有长柄，3浅裂。聚伞花序，花序腋生，长15厘米，花鲜红色，有长柄。花期几乎全年。

翡翠柱

别名：冈氏翡翠塔　属名：翡翠塔属　产地：坦桑尼亚

喜光，也耐半阴

每月施稀薄液肥 1次

最低生长温度为 5℃

生长期每周浇水 1次

形态特征

翡翠柱为多年生肉质植物。植株高30～50厘米，基部多分枝。肉质茎，呈圆柱状，直立，深绿色，有线状凹纹，表面布满菱形的瘤状突起。叶片肉质，卵圆形，深绿或浅绿色，着生于瘤突顶端。假伞状花序，总苞黄绿色，小花淡粉红色。花期在夏季。

蜈蚣珊瑚

别名：青龙、龙凤木　属名：红雀珊瑚属

产地：美洲热带、亚热带地区

喜光，也耐半阴

每半月施复合肥 1次

生长适温为 23～30℃

春季、夏季多浇水，冬季少浇水

形态特征

蜈蚣珊瑚为多年生肉质植物。株高40～60厘米。肉质茎，直立，色泽翠绿，呈细圆棒状，密被鳞片。茎多分枝，群生，深绿色。叶片狭长，椭圆形，无柄，呈2列扁平紧密排列，形似蜈蚣。花小，粉红色。花期在冬季。

红雀珊瑚

别名：扭曲草、红雀掌　**属名：**红雀珊瑚属
产地：西印度群岛

喜光，也耐半阴

每月施1次复合肥

最低生长温度为13℃

干透浇透，忌积水

形态特征

红雀珊瑚为常绿灌木肉质植物。株高3～4米，树形似珊瑚。茎干绿色，常呈“之”字形有规律地弯曲生长，肉质，含白色有毒乳汁。叶片互生，绿色，受冻时会变白色。叶卵状长椭圆形，先端渐尖，革质。叶面常凹凸扭曲，中脉呈龙骨状，突出在下面。聚伞花序顶生，由杯状花序排列而成，花红色或紫色。花期在夏季。

栽培要点

红雀珊瑚深绿色的茎叶四季常青，奇特的弯曲姿态，很是优美。鲜红色的总苞，像小鸟的头冠一样秀美，可作为家庭盆栽用来装饰室内和阳台。栽培时宜选用疏松肥沃、排水透气性好的沙质土壤，可用菜园土、炉渣、腐叶土各1份混合配制。选择大小适当的花盆，且排水性要好。每年或隔年翻盆1次。

CHAPTER 05

景天科
多肉植物

景天科植物大约有35属，我国约有10属。全球都有分布，但主要集中在南非地区。该科植物是多年生肉质植物，草本、半灌木或灌木，多生长于干地或石头上，常有肉质肥厚的茎、叶，无毛或有毛。叶子形状不一，互生、对生或轮生，全缘或稍有缺刻，颜色多样。花序有聚伞花序、总状花序、伞房状、穗状或圆锥状花序，有时单生，花色丰富。比较普遍的有天锦章属、景天属。

玉蝶

别名：石莲花　属名：石莲花属　产地：墨西哥

 喜光，稍耐半阴

 每 20 ~ 30 天施稀薄液肥 1 次

 喜温暖，最低生长温度为 3℃

 生长期不必过多浇水

形态特征

玉蝶为多年生肉质草本植物。植株高可达 60 厘米，直径 15 ~ 20 厘米，有短茎。叶片互生，肉质，倒卵匙形，有 40 枚左右，呈标准的莲座状排列于茎顶。叶稍直立，先端圆且有小尖，微微向内弯曲。叶片淡绿色，表面被白粉。单歧聚伞花序腋生，小花为钟形，赭红色，顶端黄色。花期在 6 ~ 8 月。

栽培要点

玉蝶具有较强的装饰性和观赏价值，适合作为家庭盆栽，摆放在书桌、几案、阳台等处，韵味独特。可在温室中培养，也可地栽来布置沙漠植物景观。栽培时宜选用疏松肥沃、排水透气性良好、含有适量钙质的土壤，可用腐叶土、园土和粗沙等混合配制。由于植株生长较快，每年春季都要换盆。

大和锦

别名：彩色石莲　属名：石莲花属　产地：墨西哥

 喜光，也耐半阴

 每月施腐熟的稀薄液肥 1 次

 最低生长温度为 5℃

 生长期保持盆土稍湿润

形态特征

大和锦为多年生肉质草本植物。植株矮小。叶片肉质，互生，三角状卵形，全缘，排成紧密的莲座状。叶长 3 ~ 4 厘米，宽约 3 厘米，先端渐尖。叶色灰绿，叶面有红褐色斑点，叶片背面有龙骨状突起。总状花序高约 30 厘米，花红色，上部黄色。花期在初夏。

女王花笠

别名：女王花舞笠、扇贝石莲花　属名：石莲花属
产地：墨西哥

 喜光，忌烈日暴晒

 生长期每月施肥 1 次

 生长适温为 18 ~ 25℃

 生长期每周浇水 1 次

形态特征

女王花笠为多年生肉质草本植物。叶片倒卵状，呈莲座状排列。叶缘呈波浪状，有皱褶，常会显现出粉红色。叶的颜色为翠绿色至红褐色，新叶颜色较浅，老叶颜色较深。聚伞花序，花卵球形，淡黄红色。花期在初夏至冬季。

红粉台阁

别名：台阁、粉红台阁　属名：石莲花属　产地：墨西哥

喜光，
夏季适当遮阴

每季度施长效肥
1次

生长适温为
15～28℃

适量浇水，忌积水

形态特征

红粉台阁为多年生肉质草本植物，是鲁氏石莲花的园艺栽培品种。植株有短茎，株径可达10厘米左右。叶片肉质，倒卵形，先端圆钝有小尖，呈莲座状排列。叶色灰绿色，光照充足时呈现红褐色，被白粉。穗状花序，花小，钟形，橘色。花期在夏季。

高砂之翁

别名：无　属名：石莲花属　产地：墨西哥

喜光，
忌强光直射

每年换盆时施少量
有机肥

生长适温为
15～25℃

不干不浇，
浇则浇透

形态特征

高砂之翁为多年生肉质草本植物。植株直径可达30厘米，茎部粗壮。叶片呈倒卵圆形，稍平直，被白粉。叶缘呈波浪状，有褶皱，常会显现粉红色，呈莲座状排列。叶色翠绿至红褐色，低温期时叶色深红。聚伞花序，花钟形，橘色。花期在夏季。

锦晃星

别名：金晃星、茸毛掌、猫耳朵　属名：拟石莲花属
产地：墨西哥

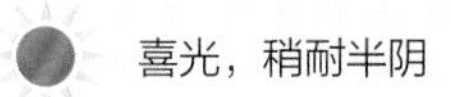
喜光，稍耐半阴

每 15 ~ 20 天施薄肥 1 次

最低生长温度为 10℃左右

适量浇水，忌积水

形态特征

锦晃星为多年生小灌木状植物。肉质茎，呈细圆棒状，幼时绿色，成熟时棕褐色。叶片肉质，肥厚，倒卵状，披针形，密被细短的白色毫毛，全缘，先端渐尖。叶色灰绿色，在秋冬季节的阳光下，叶端及叶片上缘呈红色。穗状花序，小花钟形，有 5 瓣，半开状，花红色。花期在晚秋至初春。

栽培要点

锦晃星肥厚、多肉的叶片布满了白色茸毛，是拟石莲花属里较少的有茸毛系列。叶片青翠碧绿，红色顶端鲜艳夺目，异常美丽。可作为家庭盆栽来点缀阳台、书桌、茶几等处，颇有生趣。因其较为稀有，可为多肉植物爱好者作为品种收集栽培。栽培时宜选用疏松肥沃的腐叶土、培养土和粗沙的混合土。每年早春换盆 1 次。

红艳辉

别名：红辉炎 属名：拟石莲花属 产地：墨西哥

喜光，也耐半阴

每 15 ~ 20 天施薄肥 1 次

最低生长温度为 6℃

适量浇水，忌积水

形态特征

红艳辉为多年生肉质植物，是锦晃星的杂交品种。叶片肉质肥厚，互生，倒披针形，呈莲座状生于分枝上部。叶片绿色，密被细短的白色毫毛，顶端有红色尖。光照充足时，叶缘及叶片上部均呈深红色。花红色，花期在冬季至早春。

锦司晃

别名：多毛石莲花 属名：拟石莲花属 产地：墨西哥

喜光，
盛夏适当遮阴

每半月施薄肥 1 次

生长适温为 10 ~ 25℃

夏季少浇水

形态特征

锦司晃为多年生肉质植物，与锦晃星相似。植株无茎，易丛生。叶片肉质，较厚，基部狭窄，叶端卵形，有小钝尖，呈莲座状排列。叶正面微向内凹、背面圆突。叶绿色，顶端呈红褐色，密被细短白毛。花序高可达 20 ~ 30 厘米，花小而多，黄红色。花期在晚秋至初春。

雪莲

别名：无　属名：拟石莲花属　产地：墨西哥

喜光，也耐半阴

生长期每月施肥1次

生长适温为5～25℃

生长期适量浇水

形态特征

雪莲为多年生肉质草本植物。成株直径通常为10～15厘米。叶片肉质肥厚，倒卵匙形，顶端圆钝或有一小尖，叶面平坦或稍有凹陷。叶片灰绿色，被白粉，光照充足时会呈现出浅粉色。总状花序，通常有10～15朵花，花红色或橙红色。花期在初夏至秋季。

黑王子

别名：无　属名：拟石莲花属　产地：墨西哥

喜光，日照要充足

每月施磷钾为主的薄肥1次

最低生长温度为5℃

每10天左右浇水1次

形态特征

黑王子为多年生肉质草本植物，是石莲花的栽培品种。植株有短茎，株幅可达20厘米。叶片肉质，稍厚，匙形，顶端有小尖，呈标准的莲座状排列。叶色黑紫，在光照不足或生长旺盛时，中间呈深绿色。聚伞花序，花小，红色或紫红色。花期在夏季。

紫珍珠

别名：纽伦堡珍珠　属名：拟石莲花属　产地：墨西哥

喜光，
忌烈日暴晒

生长期每 20 天左右
施肥 1 次

生长适温为
15 ~ 25℃

生长期保持土壤湿
润，忌积水

形态特征

紫珍珠为多年生肉质草本植物，是粉彩莲和星影杂交的园艺品种。植株中小型。叶片肉质，匙形，呈莲座状紧密排列。叶片粉紫色，叶缘呈粉白色，光照充足时颜色亮丽，不足时叶色会呈现深绿色或灰绿色。叶面光滑，被轻微白粉。叶片先端圆钝，有小尖，微微向内凹陷。簇状花序从叶片中长出，开略带紫色的橘色花朵。花期在夏末至初秋。

栽培要点

紫珍珠深受多肉植物爱好者的青睐，可作为办公室或家庭小型盆栽来装饰桌案、阳台、茶几等处，别有风味，能增添一种神秘优雅的气息。栽培时宜选用疏松肥沃，排水、透气性良好的沙质土壤，可用腐叶土 3 份、河沙 3 份、园土 1 份、炉渣 1 份混合配制。可采用叶插和枝干扦插这两种方法来繁殖，且每 1 ~ 2 年春季需换盆 1 次。

花之鹤

别名：无　属名：拟石莲花属　产地：墨西哥

喜光，
忌烈日暴晒

生长期每月施肥
1次

生长适温为
10 ~ 30℃

生长期保持盆土
稍湿润

形态特征

花之鹤为多年生肉质草本植物，是花月夜和霜之鹤的杂交品种。植株中型，单生或群生。叶片肉质，嫩绿色，互生，倒卵匙形，呈莲座状排列。叶子先端圆钝且有一小尖，光照充足时边缘呈红色。花黄色，花期在春季。

花月夜

别名：红边石莲花　属名：拟石莲花属　产地：墨西哥

喜光，
日照要充足

每月施薄肥 1 次

生长适温为
15 ~ 25℃

生长期保持盆土
稍湿润

形态特征

花月夜为多年生肉质草本植物，有厚叶型和薄叶型两种。植株单生或群生。叶片肉质，匙形，呈莲座状排列。叶色浅蓝，叶端圆钝有小尖。光照充足时，叶片尖端与叶缘转成红色。花有 5 瓣，铃铛形，黄色。花期在春季。

皮氏石莲

别名：蓝石莲　属名：拟石莲花属　产地：墨西哥

喜光，
夏季适当遮阴

每月施薄肥 1 次

最低生长温度为
0℃

干透浇透

形态特征

皮氏石莲为多年生肉质草本植物。植株中小型，茎矮。叶片肉质，平滑，匙形，呈莲座状紧密排列。叶色蓝，被白粉，光照充足时叶缘呈微粉红色，光照不足时，叶片会变成蓝绿色。叶片先端圆钝，有一小尖。穗状花序，花呈倒钟形，黄红色。花期在春季。

露娜莲

别名：露娜　属名：拟石莲花属
产地：美国加利福尼亚州

喜光，
忌烈日暴晒

每月施薄肥 1 次

生长适温为
15 ~ 28℃

生长期适度浇水

形态特征

露娜莲为多年生肉质草本植物，是丽娜莲和静夜的杂交品种。株高 5 ~ 7 厘米，株径可达 20 厘米。叶片卵圆形，被白粉。叶色灰绿，阳光充足时呈淡粉色或淡紫色。叶子顶端有一小尖，边缘呈半透明状。花淡红色，花期在春季。

特玉莲

别名：特叶玉蝶　属名：拟石莲花属
产地：美国加利福尼亚州

 喜光，日照要充足

 每月施磷钾为主的薄肥 1 次

 最低生长温度为 5℃

 每 10 天左右浇水 1 次

形态特征

特玉莲为多年生肉质植物。株高、株幅均可达 30 厘米。叶片肉质，蓝绿色至灰白色，被白粉，光照充足时呈淡粉红色，呈莲座状排列。叶基部为匙形，两侧边缘向下反卷，中间部分拱突，叶片先端有小尖，叶背中央有一条明显的沟。拱形总状花序，花冠呈五边形，花亮红橙色。花期在春季、秋季。

栽培要点

特玉莲株型美观，光照充足时叶色艳丽，观赏价值较高。可作为家庭盆栽来装饰阳台、书桌、茶几等处，颇具特色。栽培时宜选用排水、透气性良好的沙质土壤，可用腐叶土、沙土和园土混合配制，也可适量添加河沙和煤渣。选盆时要选盆径比株径大 3.3 ~ 6.6 厘米的盆。平时要及时摘除干枯的老叶，以免堆积导致细菌滋生。每 1 ~ 2 年春季换盆 1 次。

吉娃莲

别名：吉娃娃　属名：拟石莲花属　产地：墨西哥

喜光，
夏季适当遮阴

每月施稀薄液肥
1次

生长适温为
15～28℃

适量浇水，忌积水

形态特征

吉娃莲为多年生肉质草本植物。植株小型，无茎。叶片肉质肥厚，卵形，带明显的小尖，呈莲座状紧密排列。叶片蓝绿色，被浓厚的白粉，叶缘为深粉红色，光照充足时，叶尖呈玫瑰红。穗状花序可达20厘米左右，先端弯曲，呈钟状，花红色。花期在春末至夏季。

白凤

别名：无　属名：拟石莲花属　产地：墨西哥

喜光，
夏季适当遮阴

每月施薄肥1次

生长适温为
10～28℃

不宜过多，忌积水

形态特征

白凤为多年生肉质草本植物，是霜之鹤和雪莲杂交的园艺品种。植株较大，有短茎。叶片肉质，匙形，先端有小尖，呈莲座状排列。叶色翠绿，冬季叶缘、叶尖、叶背会泛红，全株被白粉。歧伞花序从叶腋伸出，花呈钟形，花裂片5枚，花色橘红，外面粉红。花期在秋季。

舞会红裙

别名：无　属名：拟石莲花属　产地：墨西哥

喜光，
忌烈日暴晒

生长期每月施肥
1次

生长适温为
10 ~ 30℃

生长期保持盆土
稍湿润

形态特征

舞会红裙为多年生肉质草本植物。植株中型，有茎。叶片肉质，倒卵形，叶缘呈小波浪状，有褶皱，呈莲座状紧密排列。叶片比高砂之翁要肥厚。叶色翠绿至红褐，被白粉，叶缘为粉红色。穗状花序，长度可达30厘米以上。花呈钟形，橘色。花期在夏季。

罗密欧

别名：金牛座　属名：拟石莲花属　产地：墨西哥

喜光，也耐半阴

每月施磷钾为主的
薄肥1次

生长适温为
10 ~ 25℃

干透浇透

形态特征

罗密欧为多年生肉质草本植物，是东云的变异品种。株型端庄，易群生。叶片肉质肥厚，匙形，先端渐尖，呈莲座状排列。叶片光滑，常年酒红色，新叶红绿相间，叶尖紫红色或紫褐色。聚伞状圆锥花序，花锥状，较小，有5瓣，橙红色。花期在春季、夏季。

初恋

别名：无　属名：风车石莲属　产地：英国

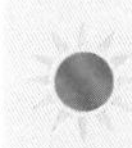

喜光，也耐半阴

生长期每 20 天左右施肥 1 次

生长适温为 15 ~ 25℃

干透浇透

形态特征

初恋为多年生肉质草本植物，是风车草属的胧月和某种拟石莲花属植物的杂交品种。植株中小型，有茎，侧芽从基部萌生，呈群生状。叶片肉质，较薄，长匙形，被白粉，先端渐尖，呈莲座状松散排列。叶色会随季节温度和光照的不同发生变化，半日照时，叶片蓝绿色，阳光充足时，则呈现粉红色。聚伞花序，花呈钟形，有 5 瓣，黄色。花期在春末。

栽培要点

初恋株型美观，叶色艳丽，嫩嫩的粉色犹如初恋的少男少女，颇有浪漫气息，惹人怜爱。因其比较容易养护，深受多肉爱好者的青睐。可作为家庭小型盆栽摆放于阳台、茶几等处，特别温馨。栽培时宜选用透气性较好的沙质土壤，可用泥炭、颗粒土（鹿沼土、赤玉土等）混合配制，用比植株稍大的花盆栽植。每 1 ~ 2 年换盆 1 次。

女雏

别名：红边石莲　属名：拟石莲花属　产地：墨西哥

喜光，
忌烈日暴晒

每月施 1 次稀薄液肥

生长适温为
15 ~ 28℃

干透浇透

形态特征

女雏为多年生肉质草本植物。植株较小，易生侧芽，群生。叶片肉质，匙形，细长，先端有明显的小尖，呈莲花状紧密排列。叶片淡绿色，叶缘红色，光照充足时，叶尖呈粉红色。穗状花序从叶腋中抽生，花呈倒吊钟形，黄色。花期在春季。

虹之玉

别名：圣诞快乐、耳坠草　属名：景天属
产地：墨西哥

喜光，
忌烈日暴晒

每月施有机液肥
1 次

生长适温为
10 ~ 28℃

不干不浇，
浇则浇透

形态特征

虹之玉为多年生肉质草本植物。植株易群生，可高达 15 厘米。叶片肉质，互生于枝干，圆筒形至卵形，长 2 厘米左右。叶绿色，光照充足时，顶端呈红褐色，叶表光亮、无白粉。聚伞花序，花星状，小花淡黄红色。花期在冬季。

黄丽

别名：宝石花　属名：景天属　产地：墨西哥

喜光，也耐半阴

每月施稀释的液肥1次

生长适温为15～28℃

干透浇透

形态特征

黄丽为多年生肉质草本植物。植株较小，高10厘米左右，有短茎。叶片肉质，肥厚，匙形，平整光滑，先端渐尖，呈莲座状松散排列。叶黄绿色，表面有蜡质，光照充足时，叶缘泛红。聚伞花序，花小，单瓣，浅黄色。花期在夏季，较少开花。

红日

别名：无　属名：景天属　产地：墨西哥

喜光，夏季适当遮阴

每月施稀薄液肥1次

最低生长温度为10℃

生长期不宜过多浇水

形态特征

红日为多年生亚灌木植物。植株多分枝，茎蔓生或直立。叶片肉质多汁，互生，披针形，细长，先端渐尖，呈松散的莲座状排列。叶片黄绿色，光照充足时，叶缘呈红色。伞状花序，花朵5瓣，呈三角披针形，先端较尖，花白色。花期在夏季。

虹之玉锦

别名：无　属名：景天属　产地：墨西哥

喜光，
夏季适当遮阴

生长期每 20 天左右
施肥 1 次

最低生长温度为
10℃

生长期适量浇水

形态特征

虹之玉锦为多年生肉质草本植物，是虹之玉的锦化品种。植株中小型，直立。株高可达 20 厘米左右，易群生。叶片肉质，轮生于枝干，圆筒形至卵形，长 2 ~ 4 厘米，呈延长的莲座状排列。叶面光滑，先端平滑圆钝，叶心浅绿色，叶片上部成长为粉嫩的红色，间有白色，颜色比虹之玉浅。聚伞花序，花星状，淡黄色。花期在夏季。

栽培要点

虹之玉锦株型奇特，色彩淡雅，从生向上的姿态非常美观，观赏价值较高，是室内盆栽的佳品，可用来点缀书桌、厅台、茶几等处，颇有特色。栽培时宜选用质地疏松、排水和透气性良好的沙壤土。由于植株生长缓慢，比较好打理。可采用扦插法来繁殖，从健壮的植株上切取叶片，晾干后插入盆沙中，少量浇水，极易生根成活。

佛甲草

别名：万年草、佛指甲　属名：景天属　产地：中国

喜阴凉

全年施肥 2 ~ 3 次

生长适温为
13 ~ 23℃

保持土壤湿润，
及时浇水

形态特征

佛甲草为多年生肉质草本植物。株高 25 厘米左右，无毛，肉质茎高 10 ~ 20 厘米，纤细而光滑，匍匐于地面生长。叶 3 片轮生，线状披针形，长 2 厘米左右，细而窄，先端渐尖，基部无柄，较稀疏。叶色碧绿，宛如翡翠，一年四季郁郁葱葱。聚伞花序，顶生，花 5 瓣，细小披针形，黄色，花柱较短。花期在 4 ~ 5 月。

栽培要点

佛甲草叶色碧绿宛如翡翠，映衬着黄色小花，格外美丽，可在室内栽植。由于它的根系纵横交错，与土壤紧密结合，适宜作为护坡草，可有效防止表层土壤被雨水冲刷。还可用于屋顶绿化，超强的吸尘和吸收二氧化碳的能力能有效提高空气质量，改善生态环境。栽培时宜选用疏松肥沃、排水性良好的夹沙土。

小松绿

别名：球松　属名：景天属　产地：阿尔及利亚

 喜光，夏季适当遮阴

 每月施稀薄液肥1次

 最低生长温度为5℃

 夏季控制浇水，忌积水

形态特征

小松绿为多年生常绿草本植物。植株矮小，高可达10厘米左右，多分枝，较短，茎上密生有红褐色的细毛。叶肉质，针形，长1厘米左右，呈放射状聚生在枝梢顶端。叶绿色至深绿色，一簇簇聚在一起，显得葱郁苍翠。聚伞花序，花较小，黄色。花期在春季。

姬星美人

别名：无　属名：景天属　产地：西亚及北非的干旱地区

 喜光，日照要充足

 生长期每月施肥1次

 生长适温为13～23℃

 冬季控制浇水，忌积水

形态特征

姬星美人为多年生肉质植物。植株低矮，茎多分枝，呈群生状。叶片肉质，膨大互生，倒卵圆形，长2厘米左右。叶蓝绿色，阳光充足时，姬星美人会变矮小，匍匐于盆土，且呈现蓝粉色。阳光不足时，节茎伸长，叶片紧凑，徒长明显，易伏倒。花淡粉白色，花期在春季。

乙女心

别名：无　属名：景天属　产地：墨西哥

喜光，
日照要充足

秋季可施肥
1 ~ 2 次

生长适温为
13 ~ 23℃

见干浇水，
夏季少浇水

形态特征

乙女心为灌木状肉质植物。植株中小型，具短茎，枝干嫩绿。叶片肉质，肥厚，呈圆柱状，长 3 ~ 4 厘米，簇生于枝干顶端。叶片总体浅绿或淡灰蓝色，先端呈粉红色，新叶色浅、老叶色深，被细微白粉。阳光充足时，叶色变粉红至深红。花黄色，较小。花期在春季。

薄雪万年草

别名：矶小松　属名：景天属　产地：西班牙

喜光，
盛夏适当遮阴

耐贫瘠，
对施肥要求不严

生长适温为
18 ~ 25℃

生长期保持盆土
湿润

形态特征

薄雪万年草为多年生肉质草本植物。植株小型，呈群生状，茎匍匐生长，根是须根。叶片棒状，细小，密集生于枝干，基部抱茎。光照不足时，叶片排列会较松散。叶翠绿色，表面微微覆有白色蜡粉。花白色略带粉红，6 瓣，星形。花期在夏季。

翡翠景天

别名：串珠草、松鼠掌　属名：景天属　产地：墨西哥

喜光，
盛夏适当遮阴

每月施液态钾肥
1 次

生长适温为
10 ~ 32℃

生长期保持土壤
稍干燥

形态特征

翡翠景天为多年生肉质草本植物。植株匍匐下垂，茎叶青翠肥厚。叶片肉质，多汁，呈披针形，弯曲如香蕉，长约 2 厘米，先端渐尖。叶片紧密重叠成松鼠的尾巴样。叶片青绿色，表面被白粉。花梗从叶腋抽出，花呈钟形，桃红色。花期在春季。

千佛手

别名：王玉珠帘、菊丸　属名：景天属　产地：不详

喜光，
盛夏适当遮阴

生长期每月施薄肥
1 次

生长适温为
18 ~ 25℃

每月浇水
1 ~ 2 次

形态特征

千佛手为多年生肉质植物。株高 15 ~ 20 厘米，易群生。叶片肉质，肥厚，椭圆披针形，长 3 厘米左右，粗 1 厘米，先端较尖。叶表面光滑，青绿色，微微向内弯。刚开花时，被绿叶包拢，张开时露出花苞。聚伞花序，星状，花黄色。花期在春季、夏季。

珊瑚珠

别名：锦珠　属名：景天属　产地：墨西哥

喜光，
夏季适当遮阴

夏季休眠期应少
施肥

生长适温为
10 ~ 32℃

不干不浇，
浇则浇透

形态特征

珊瑚珠为多年生肉质草本植物。植株小型，直立生长，易分枝，呈群生状。株高 10 厘米左右，茎细。叶片肉质，交互对生，卵圆形，形状像米粒，长 1 厘米左右，表面生有细小的短茸毛。叶片在光照不足时呈绿色，光照充足或温差大时，会变紫红色或红褐色，有光泽，像大号的红豆、小粒的葡萄。花白色，成串开放，花梗较长。花期在秋季。

栽培要点

珊瑚珠株型小巧玲珑，在阳光下紫红色的叶片格外艳丽。可作为室内观赏植物来装饰阳台、书桌、茶几等处，既不失美观，又增添了趣味性。由于其生命力顽强，养护起来也比较容易。栽培时盆土宜选用排水性良好的土壤，以免根部腐烂，可用颗粒土和泥炭土各 1 份来混合配制。养护过程中注意及时修理掉老化的根系，以保持健康的姿态。

新玉缀

别名：新玉串、维州景天　属名：景天属　产地：墨西哥

喜光，
盛夏适当遮阴

每月施稀薄液肥1次

生长适温为
10～32℃

每月浇透1次

形态特征

新玉缀为多年生肉质草本植物。株高15厘米。叶片肉质，卵圆形，形状像米粒，长1厘米左右，表皮光滑，不弯曲，排列紧凑且触碰易脱落，可长成玉串。叶色翠绿，表面被一层薄薄的白粉。花呈钟形，桃红色，花蕊黄色。花期在夏季。

天使之泪

别名：圆叶八千代　属名：景天属　产地：墨西哥

喜光，
盛夏适当遮阴

每月施薄肥1次

生长适温为
10～32℃

干透浇透

形态特征

天使之泪为多年生肉质草本植物。茎直立生长，肉质，多分枝。叶片肉质肥厚，倒卵形，密生于枝干的顶端。叶面光滑，叶背突起且圆润。叶色翠绿至嫩黄绿，阳光充足时，叶片呈现嫩黄色，表面被一层薄薄的白粉。花簇状，数量多，有6瓣，黄色。花期在秋季。

趣蝶莲

别名： 双飞蝴蝶、去蝶丽、趣情莲 **属名：** 伽蓝菜属

产地： 马达加斯加

喜光，也耐半阴

生长期每月施稀薄液肥 1 次

生长适温为 15 ~ 25℃

不宜过多浇水，忌积水

形态特征

趣蝶莲为多年生肉质植物。株高 15 厘米，株幅 30 厘米，有短茎。叶片肉质，对生，4 ~ 6 枚，卵形，叶缘锯齿状。叶淡绿色，叶缘紫红色。当植株较大时，会从叶腋处抽出细长的匍匐枝。花白色，有 4 瓣。花期在春季。

大叶落地生根

别名： 宽叶不死鸟 **属名：** 伽蓝菜属 **产地：** 马达加斯加

喜光，也耐半阴

每月施稀薄复合液肥 1 ~ 2 次

生长适温为 13 ~ 19℃

生长期浇水要见干见湿

形态特征

大叶落地生根为多年生肉质草本植物。植株高 50 ~ 100 厘米，茎直立，基部木质化。肉质叶呈长三角形，交互对生，长 15 ~ 20 厘米。叶缘有粗齿，缺刻处长出极小的圆形对生叶。叶绿色，上有不规则褐紫斑纹。复聚伞花序，顶生，钟形花，橙红色。花期在冬季。

长寿花

别名：圣诞伽蓝菜、寿星花　属名：伽蓝菜属
产地：马达加斯加

 短日照

 生长期每半月施肥1次

生长适温为13 ~ 19℃

生长期每2 ~ 3天浇水1次

形态特征

长寿花为多年生肉质草本植物。株高10 ~ 30厘米，茎直立生长。叶片肉质，椭圆形或长圆匙形，长6厘米左右，宽4厘米左右，单叶对生，较密集，叶缘有波状钝齿。叶色深绿，叶面有光泽。圆锥聚伞花序，长10厘米左右，花簇拥成团，颜色丰富，有绯红、桃红、橙红、黄、橙黄和白色等。花期在12月至来年4月。

栽培要点

长寿花株型优美，叶片肥厚翠绿，花朵颜色多样且较密集，花期又长，有很高的观赏价值，是花叶俱佳的室内盆栽花卉。可作为家庭中小型盆栽摆放在窗台、书桌等处，也可用于花坛、橱窗和大厅等，观赏和装饰效果都非常好。该植物对土壤要求不严，栽培时以沙壤土为好。

月兔耳

别名：褐斑伽蓝　属名：伽蓝菜属
产地：马达加斯加及中美洲

喜光，
夏季适当遮阴

每月施薄肥 1 次

最低生长温度为
10℃

生长期保持土壤微
湿，忌积水

形态特征

月兔耳为多年生肉质草本植物。植株中型，多分枝。叶片肉质，对生，长梭形，整个叶片和茎干都密被银白色茸毛。叶灰白色，老叶颜色略呈黄褐色，叶缘上部有锯齿，阳光充足时叶尖会出现褐色斑点。聚伞圆锥状花序，花呈管状，较小，白粉色，有 4 瓣。花期在初夏。

栽培要点

月兔耳毛茸茸的叶片像极了兔子耳朵，非常可爱。可作为中型家庭盆栽装饰阳台、茶几等处，也可放在电视和电脑旁，打造轻松自然的环境。栽培时宜选用排水和透气性良好的新鲜土壤，可用泥炭土掺少量珍珠岩和煤渣混合配制。繁殖时可将健康的老枝条取下晾干后扦插在微微湿润的沙土里，扦插宜选在春季、秋季。每 1 ~ 2 年换盆 1 次。

黑兔耳

别名：巧克力兔耳　属名：伽蓝菜属　产地：中美洲

 喜光，也耐半阴

 每月施稀薄液肥1次

 最低生长温度为2℃

 夏季减少浇水

形态特征

黑兔耳为多年生肉质草本植物，是月兔耳的栽培品种。植株直立生长，株高80厘米，株幅20厘米。叶片肉质，对生，长梭形，密被银白色茸毛，像兔子耳朵。叶片边缘为深褐色，像披了一件巧克力色的外衣。聚伞花序，小花管状向上，白粉色，有4瓣。花期较长，在初夏。

千兔耳

别名：无　属名：伽蓝菜属　产地：马达加斯加

 喜光，日照要充足

 每月施稀薄液肥1次

 最低生长温度为2℃

 夏季减少浇水

形态特征

千兔耳为多年生肉质草本植物。植株中小型，可达30厘米左右。叶片肉质，对生，卵形，先端渐尖，叶缘为明显的锯齿状。叶片表面被有白色细短茸毛，阳光充足时，呈白色，阳光不足时，慢慢变绿色，且容易徒长、弯塌。聚伞花序，花序较高，花白色，较小。花期较长，在初夏。

棒叶落地生根

别名：棒叶不死鸟　**属名：**伽蓝菜属　**产地：**马达加斯加

 喜光，也耐半阴

 每月施稀薄液肥1次

 最低生长温度为10℃

 生长期保持土壤稍湿润

形态特征

棒叶落地生根为多年生肉质草本植物。植株可高达1米，圆柱状茎直立生长，光滑无毛，中空，粉褐色。叶呈圆棒状，表面上有沟槽，绿色至粉色，叶端长出极小的圆形对生叶。圆锥状花序顶生，花冠钟形，稍向外卷，小花粉红色。花期在冬季。

扇雀

别名：雀扇、姬宫　**属名：**伽蓝菜属　**产地：**马达加斯加

 喜光，忌烈日暴晒

 每月施无机复合肥1次

 最低生长温度为5℃

 生长期保持土壤稍湿润，忌积水

形态特征

扇雀为多年生肉质植物。植株小型，茎直立生长，基部多分枝。叶片肉质，交互对生，呈三角状扇形。叶缘有不规则的波状齿。叶银灰色，被有一层薄薄的白粉，叶末有紫褐色斑点或晕纹，似雀鸟的尾羽。圆锥状花序，花黄绿色，筒状，中肋红色。花期在春季。

玉吊钟

别名：洋吊钟、蝴蝶之舞　属名：伽蓝菜属
产地：马达加斯加

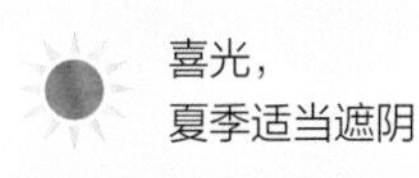
喜光，
夏季适当遮阴

每月施肥 1 次

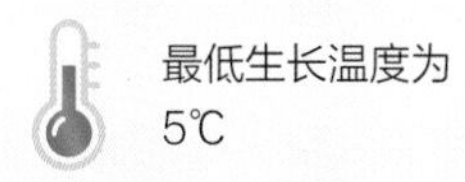
最低生长温度为
5℃

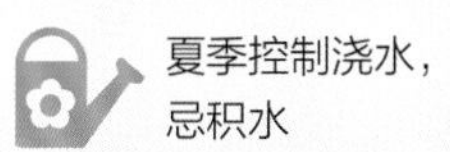
夏季控制浇水，
忌积水

形态特征

玉吊钟为多年生肉质草本植物。株高 20 ~ 30 厘米，多分枝。叶片肉质，交互对生，扁平，卵形或椭圆形，叶缘有钝齿。新叶直立，老叶容易下塌。叶片蓝绿色或灰绿色，叶缘有不规则的乳白、粉红、黄色斑纹。松散的聚伞花序，较小，花红色或橙红色。花期在冬季至初春。

栽培要点

玉吊钟株型挺立，五彩斑斓的叶片，曼妙的身姿，如花的形态，极其美观，具有很高的艺术欣赏价值。可作为盆栽摆放在客厅、廊前、阳台等处，也可采用地栽的方式用来点缀花坛、假山等处，相得益彰。栽培时宜选用肥沃疏松、排水性良好的沙壤土。每年春季换盆，并整株修剪，可保持良好的姿态。

唐印

别名：牛舌洋吊钟　属名：伽蓝菜属　产地：南非

喜光，也耐半阴

每 10 天左右施腐熟的薄肥 1 次

最低生长温度为 5℃

生长期保持土壤湿润

形态特征

唐印为多年生肉质草本植物。植株中型，株高 50 厘米，宽 20 厘米，灰白色的茎较粗壮，多分枝。叶片肉质，对生，卵形，全缘，先端钝圆，长 10 ~ 15 厘米，宽 5 ~ 7 厘米，紧密排列。叶片淡绿色至灰绿色，表面被有厚厚的白粉，光照充足时，叶缘呈红色。圆锥花序，花茎从茎顶伸出，花黄色，筒形，长 2 厘米左右。花期在春季。

栽培要点

唐印的叶片较大且有美丽的叶色，是观叶植物中的佳品。可作为盆栽观赏植物，也可以制成盆景造型用来布置多肉植物温室，还可在室内栽植，用来吸收甲醛等有害物质，净化空气。栽培时盆土宜选用排水、透气性良好的沙壤土，可用粗河沙、细河沙、有机培养土、珍珠石和蛭石各适量混合配制。每年春季换盆 1 次。

江户紫

别名：斑点伽蓝菜　属名：伽蓝菜属

产地：索马里、埃塞俄比亚

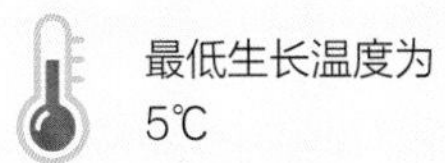

喜光，也耐半阴

每月施 1 次腐熟的稀薄液肥

最低生长温度为 5℃

生长期保持土壤稍湿润，忌积水

形态特征

江户紫为多年生肉质草本植物。植株直立，基部多分枝。肉质叶无叶柄，交互对生，倒卵形，叶缘有不规则的波状钝齿。叶面蓝灰色至灰绿色，上有红褐色至紫褐色的斑点或晕纹。聚伞花序，花直立，白色。花期在春季。

若绿

别名：无　属名：青锁龙属　产地：纳米比亚

喜光，也耐半阴

每 2 个月施肥 1 次

最低生长温度为 5℃

生长期保持盆土稍湿润

形态特征

若绿为多年生肉质植物，是青锁龙的变种。植株高 30 厘米左右，肉质茎较细，多分枝，直立向上生长。叶片肉质，很小，鳞片状，在茎和分枝上排列成 4 棱。叶绿色，光照充足时顶部的叶片才会变红。花着生于叶腋部，很小，筒状，淡黄绿色。花期在春季。

巴

别名：无　属名：青锁龙属　产地：南非

喜光，
忌强光直射

春季、秋季稍施腐
熟的复合肥

生长适温为
10 ~ 25℃

保持土壤湿润，
忌积水

形态特征

巴为多年生肉质草本植物。植株有短茎，基部易生侧芽。叶片肉质，交互对生，叶层越长越多，上交叠呈“十”字形排列。叶片半圆形，顶端有椭圆形尖头，全缘，生有白色短茸毛。叶面绿色，有光泽，上有许多白色的细小疣突而略微粗糙。聚伞花序，花呈管状，较小，白色。花期在春季。

神刀

别名：尖刀　属名：青锁龙属　产地：南非

喜光，
夏季适当遮阴

生长期每月施稀薄
液肥 1 次

最低生长温度为
5℃

保持土壤湿润

形态特征

神刀为多年生肉质草本植物。株高可达 1 米以上。肥厚多汁的叶片对生，贴紧茎干对称长出，没有叶柄，基部叶片较小，往上逐渐变大。叶片呈尖刀状，灰绿色。伞房状聚伞花序，由无数朵小花锦簇拼成，花橘红色或大红色。花期较长，在夏末。

筒叶花月

别名：玉树卷、马蹄红　属名：青锁龙属　产地：南非

喜光，
忌烈日暴晒

每月施稀薄液肥
1次

最低生长温度为
5℃

盛夏减少浇水

形态特征

筒叶花月为多年生肉质草本植物，是花月的栽培品种。植株多分枝，灌木状，茎较粗壮，圆柱形，表皮灰褐色。叶片肉质，互生，呈圆筒状，簇生于茎或分枝顶端，长4～5厘米，叶端呈斜截形，截面为椭圆形。叶色鲜绿，光照不足时叶色变浅，叶端略微发黄，有蜡状光泽，冬季叶片截面的边缘呈红色。花呈星状，淡粉白色。花期在秋季。

栽培要点

筒叶花月叶形独特，叶色美丽，是观赏性很高的小型观叶植物。可作为盆栽摆放于办公室、居室、阳台等处，增添古朴典雅的气息，营造出新颖别致的氛围。只有在光照充足的条件下，筒叶花月的颜色才会变得艳丽，株型才会紧凑美观。栽培时宜选用肥沃疏松、透气性较好的酸性土，如腐叶土、草炭土等。随着植株的生长，可以几年换盆1次。

神童

别名：新娘捧花、巴御前　属名：青锁龙属　产地：南非

喜光，
夏季适当遮阴

每月施稀薄液肥
1 次

最低生长温度为
5℃

干透浇透

形态特征

神童为多年生肉质植物。植株密集丛生。叶片肉质肥厚，对生，卵状三角形，绿色。叶尖微圆，无叶柄，基部相连，呈“十”字形紧密排列。叶面和叶背有细小半透明的突起颗粒。聚伞花序，花簇生，粉红色，有 5 瓣。花期在秋季。

赤鬼城

别名：无　属名：青锁龙属　产地：南非

喜光，
忌烈日暴晒

每月施稀薄液肥
1 次

最低生长温度为
4℃

保持盆土湿润，
忌积水

形态特征

赤鬼城为多年生肉质亚灌木植物。植株低矮，光照不足时，植株易徒长。叶片肉质对生，狭窄的长三角形，无叶柄，基部相连，呈“十”字形紧密排列。新叶绿色，老叶变为褐色或暗褐色，若温差较大，则植株呈紫红色。花簇状，花小，白色。花期在秋季。

星王子

别名：无　属名：青锁龙属　产地：南非

喜光，
日照要充足

每半月施稀薄液肥
1次

最低生长温度为
5℃

保持盆土湿润，
忌积水

形态特征

星王子为多年生肉质草本植物。与星乙女很像，但是叶片比它大很多。植株直立向上生长，有时也匍匐于地，多分枝，丛生。叶片肉质，交互对生，无柄，基部相连，密集排列成4列，新叶上下叠生，成叶上下有少许间隔。叶片卵状长三角形，从基部向上逐渐变小，顶端最小，接近尖形。叶色灰绿至浅绿色，阳光充足时，叶缘呈红褐色。花呈筒状，米黄色。花期在5～6月。

栽培要点

星王子株型奇特，叶形、叶色较美，极具观赏价值。适合作为家庭盆栽放在电视、电脑旁，能够吸收辐射，也可放在室内以吸收甲醛等有害物质。栽培时宜选用疏松肥沃、排水性良好的土壤，可用2份园土、2份粗沙或蛭石、1份腐叶土混合配制，再加少许骨粉等作基肥。每年春季换盆1次。

燕子掌

别名：玉树、景天树、豆瓣掌　属名：青锁龙属
产地：南非

喜光，稍耐半阴

春季、秋季每月施1次稀薄液肥

生长适温为18～28℃

宁干勿湿，干透浇透

形态特征

燕子掌为多年生肉质灌木植物。植株多分枝，呈灌木状。茎呈圆柱状，表皮灰绿色，老后木质化。叶片肉质对生，扁平，密生于茎或分枝顶端，长卵形或椭圆形，全缘，叶端稍尖。叶片有光泽，颜色为绿色至红绿色，光照充足时叶缘呈红色，中间绿色。伞房花序，簇生，花白色或浅粉色，有5瓣。花期在夏季、秋季，不易开花。

栽培要点

燕子掌植株挺拔秀美，叶片碧绿有光泽，适合作为盆栽摆放在窗台、阳台、书桌等处作为装饰。栽培时宜选用疏松肥沃、排水和透气性良好的沙壤土，可用4份腐叶土、3份园土、2份河沙混合配制。每年要对植株修剪1次，可以在春季换盆将枯叶、病枝清理掉。

黄金花月

别名：红边玉树　属名：青锁龙属　产地：南非

喜光，
夏季适当遮阴

每月施 1 次稀薄
液肥

最低生长温度为
5℃

夏季少浇水

形态特征

黄金花月为多年生肉质植物，是花月的锦斑变异品种。植株多分枝，呈树状生长，枝干易木质化。叶片肉质，对生，卵圆形，稍向内弯，先端渐尖。叶片常为绿色，有光泽，叶面有小红点，日照充足时叶缘会变红，植株呈金色，叶色黄绿至金黄色。不易开花。

松之银

别名：无　属名：青锁龙属　产地：南非

喜光，
忌烈日暴晒

每月施稀薄液肥
1 次

最低生长温度为
5℃

保持盆土湿润，
忌积水

形态特征

松之银为多年生肉质植物。植株基部易生侧芽，丛生。叶片肉质对生，卵状长三角形，先端渐尖，无叶柄，基部相连，呈“十”字形紧密排列。新叶绿色，老叶暗褐色。叶面和叶背布满了白色斑点，叶缘呈白色，并生有白色细小短毛。花较小，白色。花期在冬季。

绒针

别名：银箭　属名：青锁龙属　产地：南非

喜光，
夏季适当遮阴

生长期每 2 月施肥
1 次

生长适温为
15 ~ 25℃

每月浇水 2 次

形态特征

绒针为多年生肉质植物。植株低矮丛生，茎直立向上生长。叶片肉质，基部较细，先端渐尖，稍向内弯，密生于茎，新叶长圆形，老叶微凹陷。叶通常为绿色，日照时间增加及温差增大后会慢慢变色，密被白色细短茸毛。新叶绿色，老叶慢慢变黄绿色。不易开花。

小夜衣

别名：青叶　属名：青锁龙属　产地：南非

喜光，
夏季适当遮阴

生长期每月施肥
1 次

生长适温为
15 ~ 25℃

干透浇透

形态特征

小夜衣为多年生肉质植物。植株基部易生侧芽，群生。叶片肉质，肥厚，交互对生，卵圆三角形，无叶柄。叶绿色，表面粗糙，密生有细微的白色小疣点。聚伞花序，花梗从叶腋抽出，由 5 个花瓣构成五角星形，花小而多，淡粉白色。花期在春季。

大卫

别名：无　属名：青锁龙属　产地：南非

 喜光，稍耐半阴

 生长期每月施肥1次

 生长适温为15～25℃

 夏季控制浇水，忌积水

形态特征

大卫为多年生肉质植物。植株小型，易群生。叶片肉质，对生，卵圆形，边缘薄，中间肉质较厚，略鼓起，像小型围棋子。叶绿色，密被细短的白色茸毛，叶缘的毛排列整齐且长短如一。光照充足时，茎和叶会变色，叶子绿色中泛出红晕，茎会变成红色。花期在秋季。

火祭

别名：秋火莲　属名：青锁龙属　产地：南非

 喜光，日照要充足

 每月施磷肥、钾肥为主的薄肥1次

 最低生长温度为5℃

 每10天浇透1次

形态特征

火祭为多年生肉质草本植物。植株丛生，茎匍匐或直立。叶片肉质，交互对生，较宽，卵圆形，先端渐尖，紧密排列呈四棱状。光照充足时叶片呈浅绿色至深红色；不足时，叶通常为绿色。聚伞花序，花星状，小花黄白色。花期在秋季。

翠绿石

别名：太平乐　属名：天锦章属　产地：南非、纳米比亚

喜光，
忌烈日暴晒

生长期每月施肥
1次

最低生长温度为
5℃

夏季控制浇水，
忌积水

形态特征

翠绿石为多年生肉质植物。植株高10厘米左右，呈丛生状。叶肉质肥厚，纺锤形，两端渐尖，呈放射状生长。叶绿色，有光泽，因表面布满小疣突而显得粗糙。新叶经阳光暴晒后，变为紫红色，之后逐渐转为青绿色或深绿色。花钟形，绿色。花期在夏季。

库珀天锦章

别名：锦铃殿　属名：天锦章属　产地：南非、纳米比亚

喜光，
忌烈日暴晒

每20天施复合肥
1次

最低生长温度为
7℃

保持土壤适度
湿润

形态特征

库珀天锦章为多年生肉质植物。植株低矮，具短茎，灰褐色。叶片肉质肥厚，基部较厚，似为圆柱形，上部稍扁平，近似卵圆形，叶长5厘米左右。叶色灰绿，表面有紫色斑点，叶背圆凸，正面较平，上部叶缘呈波状。聚伞花序，花呈圆筒形，上部绿色，下部紫色。花期在夏季。

御所锦

别名：褐斑天锦章　属名：天锦章属　产地：南非

喜光，
夏季适当遮阴

每月施复合肥
1 次

最低生长温度为
5℃

保持土壤稍湿润，
忌积水

形态特征

御所锦为多年生肉质植物。植株矮小，株幅 10 厘米左右。叶片肉质，肥厚，互生，圆形或倒卵形，叶长 5 厘米左右，宽 3 厘米左右。叶色灰绿，表面有紫褐色斑点，阳光充足时，整个叶缘呈紫红色。叶背圆鼓，正面较平，叶缘较薄。聚伞花序，花筒状，白色。花期在夏季。

天章

别名：永乐　属名：天锦章属　产地：南非

喜光，
夏季适当遮阴

每月施稀薄液肥
1 次

最低生长温度为
3℃

干透浇透

形态特征

天章为多年生肉质植物。植株矮小，有短粗茎，绿褐色，有许多气生根。叶片肉质，肥厚，对生，扇形，叶缘较宽，扁平，呈波浪形。叶绿色，表皮密生有细小茸毛。聚伞花序，花梗从叶腋间抽生，如倒挂的一串小铃铛，花白色，有 5 瓣。花期在夏季。

乒乓福娘

别名：无　属名：银波锦属　产地：南非

喜光，
夏季适当遮阴

每月施稀薄液肥
1次

最低生长温度为
5℃

夏季可每月浇水
2次

形态特征

乒乓福娘为多年生肉质灌木植物，是福娘的园艺品种。植株直立，茎圆筒形。叶片肉质，对生，扁卵形。叶片灰绿色，表面密被白粉。阳光充足时，叶缘和叶尖容易泛红。聚伞状圆锥花序，抽生出长长的花梗，花梗顶端生出几朵小花，小花钟形，先端5裂，橙红色。花期在初夏。

白熊

别名：熊童子白锦　属名：银波锦属　产地：纳米比亚

喜光，
夏季适当遮阴

每月施腐熟的稀薄
液肥1次

最低生长温度为
5℃

盛夏减少浇水

形态特征

白熊为多年生肉质草本植物，是熊童子的锦化品种。植株矮小，多分枝。叶片肉质，肥厚，交互对生，匙形，密被白色的细短茸毛，基部全缘，叶端有爪样齿。叶片两边有白锦，中间为浅绿色，光照充足时叶端的爪齿会变红。总状花序，花微红色。花期在夏末至秋季。

黑法师

别名：紫叶莲花掌　属名：莲花掌属　产地：摩洛哥

喜光，稍耐半阴

每月施稀薄液肥1次

最低生长温度为5℃

盛夏减少浇水

形态特征

黑法师为莲花掌的栽培品种，多年生肉质灌木植物。植株直立生长，高约1米，分枝较多。浅褐色茎呈圆筒形，较粗壮，木质化，表面有明显叶痕。肉质叶片较薄，倒长卵形，长5～7厘米，叶端有小尖，叶缘有白色细齿，在茎端排列成莲座状叶盘。叶色黑紫，光照不足时，叶心为绿色。圆锥花序，花黄色。花期在春末。

栽培要点

黑法师株型优美，身姿妖娆，独特的紫黑色叶，在观赏植物中更是少见，具有较高的观赏价值。可作盆栽用来装饰客厅、卧室等处，营造优雅的格调。栽培时宜选用疏松、肥沃且排水透气性良好的培养土，可用2份粗沙、1份腐叶土、1份园土混合配制，还可加入少量草木灰或骨粉作基肥。栽培过程中每1～2年换盆1次。

清盛锦

别名：艳日辉　**属名：**莲花掌属　**产地：**加那利群岛

喜光，
忌强光直射

生长期每半月施薄
肥 1 次

生长适温为
15 ~ 25℃

生长期充分浇水

形态特征

清盛锦为多年生常绿肉质植物。植株多分枝，呈灌木状。叶片肉质，倒卵圆形，先端渐尖，呈莲座状排列。叶正面中央稍凹陷，背面有龙骨状突起。新叶杏黄色，逐渐生长为黄绿色或绿色，叶缘为红色，有睫毛状细小短齿。光照充足时叶片颜色会变为红色；不足时，则为绿色。总状花序，花白色。花期在初夏，开花后全株枯萎死亡。

栽培要点

清盛锦株型秀美，叶色绚丽多彩，有很高的观赏价值。可作为家庭盆栽，用小型花盆种植，装饰阳台、窗台、书桌等处，颇有特色。栽植时宜选用排水、透气性良好的沙壤土，可用泥炭土、蛭石、珍珠岩各 1 份混合配制。每 2 ~ 3 年换盆 1 次，宜在初春或初秋进行。养护过程中，若空气过于干燥要向植株喷水，以保持叶片清新。

黑法师原始种

别名：无　属名：莲花掌属　产地：摩洛哥

 喜光，稍耐半阴

 每月施腐熟的稀薄液肥1次

 最低生长温度为5℃

 盛夏减少浇水

形态特征

黑法师原始种为多年生肉质灌木植物。植株直立生长，多分枝，高约1米，茎呈圆筒形，老后木质化，浅褐色。叶片肉质，稍薄，倒长卵形，比黑法师稍大，生长在茎端集呈莲座状排列。叶绿色，即使光照充足，叶片也不会变黑。花期在春末。

大叶莲花掌

别名：无　属名：莲花掌属　产地：加那利群岛

 喜光，稍耐半阴

 每月施腐熟的稀薄液肥1次

 最低生长温度为5℃

 盛夏减少浇水

形态特征

大叶莲花掌为多年生肉质植物，是玉蝶和莲花掌的杂交品种。株幅20～25厘米，有短茎，分枝少，分枝从基部生出，向外弯曲。叶片肉质，长圆状匙形，宽大，有叶尖，呈莲座状排列。叶蓝绿色，被白粉，叶缘为明显的红色。聚伞花序，小花钟形，淡粉色，顶端黄色。花期在夏季。

毛叶莲花掌

别名：墨染　属名：莲花掌属　产地：加那利群岛

喜光，夏季适当遮阴

每月施稀薄液肥1次

最低生长温度为5℃

夏季可每月浇水2次

形态特征

毛叶莲花掌为多年生常绿亚灌木植物。植株中型，四季常青。株高30厘米左右，丛生。叶片肉质，细长，长匙形，长8厘米，宽1厘米，先端渐尖，呈莲座状排列。叶浅绿色，叶缘微红，有细短的白色茸毛。圆锥花序，花金黄色。花期在夏季。

红缘莲花掌

别名：红缘长生草　属名：莲花掌属　产地：加那利群岛

喜光，也耐半阴

生长期每半月施稀薄液肥1次

最低生长温度为5℃

夏季减少浇水，冬季保持干燥

形态特征

红缘莲花掌为多年生肉质草本植物。植株多分枝，呈亚灌木状，茎呈圆柱形。叶片肉质较厚，倒卵状匙形，先端有小尖，排列成莲座状。叶片淡蓝绿色，有光泽，被白霜，叶缘锯齿状，呈红褐色。聚伞花序，花浅黄色，偶尔带有红晕。花期在春季。

花叶寒月夜

别名：灿烂　属名：莲花掌属　产地：加那利群岛

喜光，也耐半阴

每月施稀薄液肥1次

最低生长温度为10℃

生长期保持盆土湿润

形态特征

花叶寒月夜为多年生肉质草本植物，是人工栽培出来的园艺品种。植株多分枝，肉质茎灰色，圆柱形，表面有叶痕，老茎木质化。肉质叶片互生，倒卵形，呈舌状，聚生于枝头，呈莲座状排列。新叶绿色，叶缘两边微黄白色，老叶先端和叶缘稍带粉红色，中间为绿色，边缘有细密的锯齿状物。圆锥花序，长10～12厘米，花淡黄色。花期在春季。

栽培要点

花叶寒月夜株型美观，叶色绚丽多彩，观赏价值较高，适合作为家庭盆栽，点缀茶几、窗台等处，具有很好的装饰效果。栽培时宜选用疏松肥沃、具有良好排水性和透气性的盆土，可用2份腐叶土、1份园土、2份粗沙混合配置。每年的9月换盆1次。养护过程中要注意在夏季高温时，植株为休眠状态，要将其放在通风良好处养护。

山地玫瑰

别名：高山玫瑰、山玫瑰　属名：莲花掌属
产地：加那利群岛等

喜光，
夏季适当遮阴

生长期追施缓释肥
即可

最低生长温度为
5℃

生长期保持盆土微
湿润

形态特征

山地玫瑰为多年生肉质植物。叶片肉质互生，倒卵形，层层叠叠紧密排列成莲座状。叶子在生长期展开，休眠期合拢，合拢时就像一朵含苞待放的玫瑰。叶色为灰绿、蓝绿或翠绿。总状花序，花黄色。花期在春末至初夏。开花后随着种子的成熟，母株会慢慢枯萎，但基部会长出小芽。

栽培要点

山地玫瑰外形美观，形态多变，生长期形似“荷花”，休眠期形似“玫瑰花苞”，是景天科植物中“永不凋谢的绿玫瑰”。可作为家庭盆栽装饰窗台、几架、书桌等处，清新雅致，颇有生机。栽植时宜选用排水、透气性良好的盆土，一般用少量草炭或泥炭土掺蛭石、珍珠岩或其他颗粒性材料混合配制。翻盆以秋季为佳。

小人祭

别名：妹背镜、日本小松　属名：莲花掌属
产地：加那利群岛、北非

喜光，
日照要充足

生长期每月施稀薄液肥 1 次

生长适温为 15 ~ 25℃

干透浇透

形态特征

小人祭为多年生肉质植物。植株小型，多分枝。叶片肉质，倒卵形，排列成莲花状。叶片绿色，中间带有紫红色斑纹，有少量茸毛，叶缘红色，光照充分时，叶片颜色会变深。夏季休眠期叶子会包起来。总状花序，花黄色。花期在春季。

蛛丝卷绢

别名：无　属名：长生草属　产地：欧洲

喜光，
夏季适当遮阴

生长期每月施薄肥 1 次

生长适温为 15 ~ 25℃

干透浇透

形态特征

蛛丝卷绢为多年生肉质草本植物。植株低矮，近球形。叶片肉质，环生，扁平细长，竹片形，先端渐尖，紧密排列成莲座状。叶色嫩绿，叶尖顶端生有白丝，像蜘蛛网般缠绕在叶尖。聚伞花序，花淡粉色，有深色条纹。花期在夏季。

青星美人

别名：一点红、红美人　属名：厚叶草属　产地：墨西哥

喜光，夏季适当遮阴

生长期每月施薄肥1次

最低生长温度为5℃

干透浇透

形态特征

青星美人为多年生肉质植物。植株小型，有短茎。叶片肉质，肥厚，光滑，匙形，有叶尖，稀疏排列为近似莲座的形态。叶绿色，被白粉，叶缘圆弧状，阳光充足时叶缘和叶尖会发红。簇状花序，花梗较长，串状排列，花红色，呈倒钟形。花期在夏季。

星美人

别名：白美人　属名：厚叶草属　产地：墨西哥

喜光，稍耐半阴

生长期每月施薄肥1次

最低生长温度为5℃

干透浇透

形态特征

星美人为多年生肉质植物。植株有短茎。叶片肉质，互生，平滑，椭圆形，长3～5厘米，宽2厘米左右，厚1厘米左右，先端圆钝，无叶柄，叶腋能生出叶片，呈延长的莲座状排列。叶片灰绿色泛蓝，密被白粉，阳光充足时叶缘和叶尖会有红晕。花序较矮，花红色，呈倒钟形。花期在夏季。

红卷绢

别名：紫牡丹、大赤卷娟　属名：长生草属　产地：欧洲

喜光，
夏季适当遮阴

每 20 天施腐熟的
稀薄液肥 1 次

最低生长温度为
5℃

不干不浇，
浇则浇透

形态特征

红卷绢为多年生肉质草本植物，是卷娟的栽培品种。植株低矮，高约 8 厘米，呈丛生状。叶片肉质，倒卵状匙形，放射状生长，呈莲座状紧密排列。叶片绿色或红色，在秋冬季节或光照充足时，呈紫红色。叶片先端渐尖，稍向外弯曲，叶缘和叶端密生白色短丝毛，植株中心尤其密集，像蜘蛛网一样。聚伞花序，花淡粉红色。花期在夏季。

栽培要点

红卷绢叶色绚丽，生有独特的形似蜘蛛网的白丝，极富观赏价值。可作为家庭小型盆栽，放置于阳台、书桌、茶几等处。栽培时盆土宜选用疏松肥沃、排水透气性良好的土壤，且下层土壤宜用腐质土，上层土壤宜用沙土。每年春季需要翻盆换土 1 次。植株生长期宜放在阳光充足处。

观音莲

别名：佛座莲　属名：长生草属　产地：欧洲

 喜光，忌烈日暴晒

 每 20 天施复合肥 1 次

 生长适温为 20 ~ 30℃

 生长期保持盆土湿润，忌积水

形态特征

观音莲为多年生草本植物。植株中小型。叶片肉质，扁平细长，先端渐尖，呈莲座状排列，若植株发育良好，会在大莲座下面着生一圈小莲座，每年春末，叶丛下部还会抽出前端长有莲座状小叶丛的红色走茎。叶绿色，叶缘生有细小茸毛，若光照充足，叶尖和叶缘会变成咖啡色或紫红色。花粉红色。开花后莲座会枯死。花期在 6 ~ 7 月。

栽培要点

观音莲外形美观，叶色会随着光照不同发生改变，紫红色的叶尖尤其漂亮，做中小型盆栽或组合盆栽都很适合，用来布置书房、客厅、卧室和办公室等处，显得高贵典雅、端庄大方。栽培时宜选用疏松肥沃、排水性和透气性良好的盆土，可用各一半的腐叶土或草炭土、粗沙或蛭石，再加入少许骨粉混合配制。

银星

别名：无　属名：风车草属　产地：南非

喜光，
忌烈日暴晒

生长期每月施薄肥 1 次

生长适温为 18 ~ 24℃

夏季减少浇水

形态特征

银星为多年生肉质植物。株径较大，老株易丛生。叶片肉质，较厚，长卵形，成株大概有 50 片以上，呈莲座状紧密排列。叶青绿色，叶面光滑，先端有叶尖，叶尖长达 1 厘米，红褐色，似须状物。花序从叶盘中抽出，花白粉色，有 5 瓣。花期在春季。

蓝黛莲

别名：灰蓝奇莲华　属名：厚叶草属　产地：墨西哥

喜光，
日照要充足

生长期每月施薄肥 1 次

最低生长温度为 5℃

夏季减少浇水

形态特征

蓝黛莲为多年生肉质植物。植株小型，丛生。叶片肉质，基生，扁梭形，稍向内弯曲，先端有叶尖，叶背有棱线，呈莲座状密集排列。叶片灰绿色，表面密被白色霜粉，阳光充足时叶尖变为红色。簇状花序，串状排列，花红色，呈倒钟形，有 5 瓣。花期在初夏。

仙女杯

别名：雪山　属名：仙女杯属　产地：墨西哥、美国

喜光，也耐半阴

生长期每半月施薄肥 1 次

生长适温为 20 ~ 28℃

保持盆土干燥，不宜过湿

形态特征

仙女杯为多年生肉质植物。植株中型，具有粗壮矮小的茎。叶片肉质，剑形，长 12 厘米左右，宽 2 厘米，先端尖，呈莲座状密集排列。叶片蓝绿色，表面密被白粉，白粉比较涩。日照不足时则叶色浅，排列松散，叶片拉长。花金黄色，花期在春季。

姬胧月

别名：无　属名：风车草属　产地：墨西哥

喜光，忌烈日暴晒

生长期每 20 天施稀薄液肥 1 次

最低生长温度为 0℃

夏季减少浇水

形态特征

姬胧月为多年生肉质草本植物。植株基部多分枝，呈丛生状。叶片肉质，肥厚，瓜子形，先端较尖，表面蜡质，呈莲座状排列。阳光充足时，叶片呈现深红色，甚至整株红色；阳光不足时为绿色。簇状花序，花黄色，呈星状，有 5 瓣。花期在初夏。

桃美人

别名：无　属名：厚叶草属　产地：欧洲

喜光，
忌烈日暴晒

每月施复合肥 1 次

最低生长温度为
5℃

每月浇水
3～4 次

形态特征

桃美人为多年生肉质植物。植株直立生长，有短茎，较粗。叶片肉质，肥厚，互生，长卵圆形，长 2～4 厘米，宽、厚各 2 厘米左右，先端平滑圆钝，稍尖，排列成稀疏的莲座状。叶片背面圆凸，正面较平。叶面密被白粉，阳光充足时叶色粉红，不足时叶色发白。穗状花序较矮，花浅红色，呈倒钟形，串状排列。花期在夏季。

栽培要点

桃美人株型奇特，粉红、肥厚的叶子如桃子般可爱，略带娇羞，极具观赏性，也深受多肉植物爱好者的青睐。植株甜美淡雅，就像一件精致的工艺品，可摆放在窗台、客厅等处，有很好的装饰作用。栽培时宜选用疏松肥沃、排水透气性良好的土壤，可用泥炭土混合珍珠岩、煤渣配制。

胧月

别名：石莲花　属名：风车草属　产地：墨西哥

喜光，
夏季适当遮阴

每季度施用长效肥
1 次

最低生长温度为
5℃

每 10 天适量浇水
1 次

形态特征

胧月为多年生肉质草本植物。植株中小型，基部多分枝，呈丛生状，茎匍匐或下垂。叶片肉质，肥厚多汁，广卵形，叶端较尖，叶缘弧状，表面光滑，无柄，簇生于茎顶，呈莲座状排列。叶片灰蓝色或灰绿色，密被白粉，若光照充足，叶片变为淡粉红色或淡紫色。簇状花序，花黄白色，五星形，花朵向上开放，花 5 瓣。花期在初夏。

栽培要点

胧月叶色多变，阳光下粉嫩的叶色，尤其可爱，适合作为家庭中小型盆栽，可放置于阳台、案桌、茶几等处。宜选用肥沃疏松、排水性和透气性良好的沙质土壤栽培，可用等份的松针土、腐叶土、蛭石、沙土混合配制。根据植株的生长状态每 1 ～ 2 年在春季换盆 1 次，并处理掉坏死的老根和过度木质化的茎干。

白花小松

别名：旋叶青锁龙　属名：塔莲属　产地：墨西哥

 喜光，稍耐半阴

 生长期每半月施薄肥 1 次

 生长适温为 20 ~ 28℃

 保持盆土干燥，不宜过湿

形态特征

白花小松为多年生肉质植物。植株矮小，基部多分枝，较短。叶片肉质，细短圆棒状，先端渐尖，轮生于肉质茎上，旋转展开。叶青绿色，成熟时为深绿色，光照充足时，叶尖和叶缘呈红色。花序顶生，花白色。花期在 4 ~ 5 月。

白牡丹

别名：白美人　属名：石莲花属　产地：墨西哥

 喜光，夏季适当遮阴

 每月施磷、钾肥为主的薄肥 1 次

 最低生长温度为 5℃

 每 10 天左右浇水 1 次

形态特征

白牡丹为多年生肉质植物，是胧月和静夜的杂交品种。植株多分枝，易群生。叶片肉质，倒卵形，先端渐尖，呈莲座状排列。叶背有龙骨状突起，叶面较平。叶灰白色至灰绿色，表面被白粉，叶尖在阳光下略呈粉红色。歧伞花序自叶腋抽出，花黄色，有 5 瓣。花期在春季。

子持莲华

别名：子持年华　属名：瓦松属　产地：日本北海道

喜光，
夏季适当遮阴

每月施薄肥 1 次

最低生长温度为
0℃

夏季控制浇水

形态特征

子持莲华为多年生肉质植物。植株有匍匐茎，萌生侧芽，易群生。叶片肉质，半圆形或长卵形，呈莲座状排列。叶蓝绿色，表面略有白粉。光照不足时，叶与叶之间的距离拉长，会从半圆形偏向于长卵形。花序壮观，花黄色，有香气。花期在春季、秋季。开花后植株枯死。

落地生根

别名：不死鸟、灯笼花　属名：落地生根属　产地：非洲

喜光，
盛夏适当遮阴

生长期每月施肥
1 ~ 2 次

最低生长温度为
0℃

生长期保持盆土
湿润，忌积水

形态特征

落地生根为多年生肉质草本植物。植株直立，有分枝。叶片肉质，肥厚，绿色，交互对生，羽状复叶，小叶椭圆形，先端圆钝，叶缘有粗齿，缺刻处长出极小的圆形对生叶。顶生圆锥花序，长 10 ~ 40 厘米，花冠高脚碟状，花下垂，淡红色或紫红色。花期在 1 ~ 3 月。

八宝景天

别名：华丽景天、长药八宝　属名：八宝属
产地：中国东北

 喜光，也耐阴

 夏季追施速效肥 2 ~ 3 次

 生长适温为 15 ~ 26℃

 保持土壤湿润，忌积水

形态特征

八宝景天为多年生肉质草本植物。植株中型，茎直立生长，地下茎肥厚，地上茎簇生。叶片肉质，对生，倒卵状长圆形，先端圆钝，基部渐狭，叶缘呈波浪形。叶面密被白粉，呈灰绿色。伞房花序，密集簇生，花序直径约 10 厘米，花白色或粉红色，花瓣披针形，5 瓣。花期在 7 ~ 10 月。

栽培要点

八宝景天绿色的叶片给人清新的感觉，粉红色的花又平添不少姿色。可以将它与其他花卉组合用来布置花坛、花境等，还可以将其作为护坡地被植物。栽培时宜选用排水透气性良好、无病虫害的土壤。八宝景天耐瘠薄，在沙坡土、素沙土、轻黏土中都可以生长。养护过程中要注意，在每次灌水或雨后，要给植株松土除草。

CHAPTER 06

番杏科
多肉植物

番杏科植物约有130属，1200种，主要产于非洲南部，亚洲、南美洲等地也有分布。国内栽培主要有肉锥花属、露子花属、日中花属、虾钳花属和生石花属等。主要为一年生或多年生草本，或为半灌木。叶对生或互生，叶片肉质，或退化为鳞片，通常没有托叶。两性花，单生或腋生。二歧聚伞花序或顶生单枝聚伞花序。

帝玉

别名：多毛石莲花　属名：对叶花属　产地：南非

喜光，
忌烈日暴晒

生长期每 30 天施肥 1 次

生长适温为
18 ~ 24℃

生长期干透浇透

形态特征

帝玉为多年生肉质植物。植株无茎，元宝状。肉质叶片呈卵形，交互对生，基部联合。叶面灰绿色，生有许多透明的小斑点。叶外缘钝圆，叶表平滑，叶背凸起。新叶长出，老叶枯萎。花的直径约 7 厘米，有短梗，花橙黄色，花心颜色较淡。花期在春季。

红帝玉

别名：无　属名：对叶花属　产地：南非

喜光，
忌烈日暴晒

生长期每月施肥 1 次

生长适温为
18 ~ 24℃

生长期保持盆土湿润

形态特征

红帝玉为多年生肉质植物，是帝玉的栽培品种。植株无茎，元宝状。叶片肉质，交互对生，基部联合，表皮泛红色，密被淡黑色小斑点。叶片外缘钝圆，叶表较平，叶背凸起。新叶长出，老叶枯萎。花单生，雏菊状，紫红色，花心颜色稍浅，直径 6 ~ 7 厘米。花期在春季。

生石花

别名：石头花、石头草　**属名：**生石花属
产地：非洲南部

喜光，
夏季适当遮阴

每 20 天左右施稀薄液肥 1 次

生长适温为
10 ~ 30℃

不干不浇，
浇则浇透

形态特征

生石花为多年生小型肉质植物。植株有茎，较短，通常看不见。肉质变态叶较肥厚，两片对生使植株整体呈倒圆锥状。植株生长 3 ~ 4 年后，对生叶中间会开出黄色、白色、粉色等颜色的花朵，单朵花可开 3 ~ 7 天。花期在秋季。

紫勋

别名：无　**属名：**生石花属　**产地：**南非

喜光，
日照要充足

生长期每月施稀薄液肥 1 次

生长适温为
15 ~ 30℃

见干见湿

形态特征

紫勋为多年生肉质植物。植株群生。肉质化的对生叶组成倒圆锥体的植株，高约 4.5 厘米，宽约 3 厘米，植株顶端平展或略圆凸，两叶之间的缝隙较深。顶端表面的颜色有灰黄色、咖啡色略带红褐色，以及淡绿色略带深绿色斑点等。花金黄色或白色。花期在 9 ~ 11 月。

日轮玉

别名：无　属名：生石花属　产地：南非

喜光，
忌强光直射

生长期每月施肥
1 次

生长适温为
20 ~ 24℃

生长期每隔 3 ~ 5
天浇水 1 次

形态特征

日轮玉为多年生肉质草本植物。植株群生。植株一般只有一对对生叶，使植株整体呈倒圆锥体，单株之间的大小不等。叶表通常为褐色，不同植株颜色深浅不同，有的带有深色的斑点。花黄色，直径 2.5 厘米左右。花期在 9 月。

花纹玉

别名：花纹生石花　属名：生石花属
产地：纳米比亚、南非

喜光，
日照要充足

生长期每月施肥
1 次

生长适温为
10 ~ 30℃

初夏至秋末充分
浇水

形态特征

花纹玉为多年生肉质草本植物。植株易群生，株高可达 4 厘米。叶片肉质对生，基部联合，呈卵状，有 2 枚，淡褐色或灰白色。叶片顶面平头，有深褐色下凹线纹。花单生，雏菊状，白色，花的直径为 2.5 ~ 4 厘米。花期在夏末至初秋。

朱弦玉

别名：无　**属名：**生石花属　**产地：**纳米比亚

喜光，
日照要充足

生长期每月施肥
1次

生长适温为
10～30℃

初夏至秋末充分
浇水

形态特征

朱弦玉为多年生肉质草本植物。植株群生，株体直径为1.5～2厘米。叶卵状，对生，灰绿色，顶端有淡绿色至粉红色凹凸不平的端面，镶有深绿色暗斑。花呈雏菊状，白色。花期在夏末至初秋。

李夫人

别名：无　**属名：**生石花属　**产地：**南非

喜光，
日照要充足

生长期每月施肥
1次

生长适温为
10～30℃

初夏至秋末充分
浇水

形态特征

李夫人为多年生肉质植物。植株易群生，株高3厘米左右。叶片肉质，肥厚，对生，呈球果状。叶片浅绿色，顶面较平，“窗”上的浮点较散，叶片之间有较深的中缝。花从中缝开放，雏菊状，较小，白色，黄色花粉。花期在夏末至中秋。

宝绿

别名：佛手掌、舌叶花　**属名：**舌叶花属　**产地：**南非

喜光，
夏季适当遮阴

生长期每半月施肥
1 次

生长适温为
18 ~ 22℃

生长期适量浇水

形态特征

宝绿为多年生肉质植物。株型像佛手。肉质叶片呈舌状，紧贴短茎轮生，稍弯曲，对生 2 列，长约 7 厘米，宽 2 ~ 3 厘米，鲜绿色，有光泽，叶端稍微向外翻转。花从叶丛中抽出，有短梗，金黄色。花期在秋季、冬季。

少将

别名：无　**属名：**肉锥花属　**产地：**南非、纳米比亚

喜光，也耐半阴

生长期每月施肥
1 次

生长适温为
18 ~ 24℃

不干不浇，
浇则浇透

形态特征

少将为多年生肉质植物。植株密集丛生。叶片肉质，肥厚，对生，呈扁心形。叶长 3 ~ 4.5 厘米，宽 2 ~ 2.5 厘米，顶部有鞍形中缝，两叶先端钝圆。叶浅绿色至灰绿色，顶端略泛红色，表皮摸上去有可能有细小的颗粒感，也可能非常光滑。花从中缝开出，黄色。花期在秋季。

五十铃玉

别名：橙黄棒叶花　**属名：**棒叶花属
产地：南非、纳米比亚

喜光，
日照要充足

薄肥勤施，
一年施肥 5 ~ 6 次

生长适温为
15 ~ 30℃

耐旱，
生长期适当浇水

形态特征

五十铃玉为多年生肉质植物。植株丛生。棍棒状的肉质叶垂直生长，叶长 2 ~ 3 厘米，顶端渐粗，略微圆凸。叶淡绿色，基部略呈红色，叶顶部透明，像一扇小“窗”。花橙黄色，带点粉色。花期在夏末至秋季。

快刀乱麻

别名：无　**属名：**快刀乱麻属　**产地：**南非开普省

喜光，
忌烈日暴晒

每半月施腐熟液肥
1 次

生长适温为
15 ~ 25℃

见干见湿

形态特征

快刀乱麻为多年生肉质植物。植株呈灌木状，高 20 ~ 30 厘米，茎分枝较多，有短节。肉质叶片对生，主要在分枝顶端集中生长，细长略扁，长约 1.5 厘米，叶端两裂，叶缘圆弧状，像一把刀，叶淡绿色至灰绿色。花黄色，直径约 4 厘米。花期在夏季。

龙须海棠

别名：松叶菊　**属名：**龙须海棠属　**产地：**南非

喜光，
日照要充足

每 15 ~ 20 天施稀
薄液肥 1 次

生长适温为
15 ~ 25℃

保持盆土稍偏干

形态特征

龙须海棠为多年生肉质草本植物。植株匍匐生长，分枝较多，基部略呈木质化。叶对生，肥厚多汁，呈三棱状线形，有龙骨状突起，叶长 5 ~ 8 厘米。叶片绿色，被有白粉，圆润的叶面有无数透明小点。花从叶腋生出，单生，直径 5 ~ 7 厘米，颜色有紫红色、粉红色、黄色、橙色等，多在天气晴朗的白天开放。花期在春末夏初。

栽培要点

龙须海棠花色艳丽，开花较多，可作盆栽放置于阳台、窗台等处，也可作为吊盆，悬挂于窗前、廊檐，装饰作用很强。盆土宜用疏松肥沃、排水性和透气性良好的沙质土壤，并在每年早春换盆时进行 1 次修剪，将老枝剪掉 1/3 ~ 1/2，以促使新枝叶长出。生长多年的老株通常不易开花，可繁殖新株。花期在 4 ~ 5 月。

狮子波

别名：怒涛　**属名：**肉黄菊属　**产地：**南非

喜光，夏季适当遮阴

生长期每月施肥 1 次

生长适温为 15 ~ 25℃

生长期保持盆土稍湿润

形态特征

狮子波为多年生肉质植物。植株低矮，高度肉质化。株高 4 ~ 5 厘米，株幅 6 ~ 10 厘米。三角形叶片，对生，淡灰绿色，叶片边缘有约 10 对肉齿，上有倒生的须毛，叶表有突出的肉瘤疙瘩。花黄色，花期在秋季。

雷童

别名：刺叶露子花　**属名：**露子花属　**产地：**南非

喜光，日照要充足

生长期每月施肥 1 次

生长适温为 15 ~ 25℃

保持盆土稍干燥

形态特征

雷童为多年生肉质草本植物。植株呈灌木状，高 30 厘米左右，二歧分枝，枝上有白色突起，老枝灰褐色，新枝淡绿色。卵圆形肉质叶基部合生，暗绿色，长 1 ~ 1.3 厘米，厚 0.6 ~ 0.7 厘米，叶表有白色半透明的肉刺。花单生，有短梗，白色或淡黄色。花期在夏季。

紫星光

别名：紫晃星　属名：仙宝属　产地：南非

喜光，
忌烈日暴晒

每 15 ~ 20 天
施 1 次稀薄液肥

生长适温为
15 ~ 25℃

不干不浇，
浇则浇透

形态特征

紫星光为多年生肉质植物。植株为灌木状，其肉质根肥厚粗壮，表皮颜色为浅黄褐色，较为粗糙。绿色叶片，肉质，对生，呈棒状或纺锤形，叶端渐尖，有白色刚毛，叶表密布小疣突。花淡紫红色，直径约 4 厘米。花期在春季、夏季。

鹿角海棠

别名：熏波菊　属名：鹿角海棠属　产地：非洲西南部

喜光，
夏季适当遮阴

春季、秋季每月施
肥 1 次

生长适温为
15 ~ 25℃

不干不浇，
浇则浇透

形态特征

鹿角海棠为多年生肉质灌木植物。株高 25 ~ 35 厘米，分枝多，且分枝处有节间。肉质叶三棱状，长 2.5 ~ 3.5 厘米，叶端略狭窄。叶色为粉绿色，交互对生，基部合生。顶生花有短梗，单出或数朵间生，直径 3.5 ~ 4.5 厘米，白色或粉红色。花期在冬季。

露草

别名：露花、心叶冰花　**属名：**露草属　**产地：**南非

喜光，
日照要充足

早春施低氮素肥
1次

生长适温为
15 ~ 25℃

盆土宜保持湿润
状态

形态特征

露草为多年生常绿蔓性肉质草本。茎匍匐生长，长30 ~ 60厘米，分枝略肉质，无毛，上有小颗粒状突起。叶片对生，肥厚、翠绿。枝条长约20厘米，上有棱角，长到一定长度后呈半匍匐状。花开在枝条顶端，深玫瑰红色，花心淡黄色，菊花状，有光泽。花期在3 ~ 11月。

栽培要点

露草长势快，植株繁茂，且花期较长，比较适合作悬挂式盆栽，可以放在阳台或室内光线较好的地方。也可以将其用来布置园林中的沙漠景观。冬季要对盆土进行翻晒，使表层土壤和深层土壤互换，以使土壤疏松透气。盆土宜选用排水性和透气性良好的沙质土壤。夏季要将其移至干燥的室内养护。夏季不宜繁殖。

仙人掌科
多肉植物

仙人掌科植物有140属，2000多种，多原产于美洲热带、亚热带沙漠或干旱地区。大多为多年生草本植物，也有灌木或乔木状植物。肉质茎或呈扁平状或呈球状、柱状等，植株茎上生有特殊刺座，呈螺旋状排列，刺座上有刺、毛、腺体或钩毛、花、芽等。花有辐射对称花和两侧对称花两种，大多数花都有由花托发育而成的较长的花筒，其上有排列成螺旋状的鳞片或刺座。

仙人掌

别名： 仙巴掌、观音掌、霸王、火掌　**属名：** 仙人掌属
产地： 中国及南美洲、非洲、东南亚等

喜强光照射

每半月施腐熟的稀薄液肥 1 次

生长适温为 20 ~ 30℃

不干不浇，不可过湿

形态特征

仙人掌为多年生肉质植物。植株易丛生，呈灌木状。叶片呈倒卵状椭圆形，边缘通常呈不规则波状。小巢疏生，明显突出，有短绵毛、倒刺刚毛和钻形刺。萼状花被片呈宽倒卵形至狭倒卵形，黄色，有绿色的中肋。瓣状花被片呈倒卵形或匙状倒卵形。花期在 6 ~ 10 月。

栽培要点

仙人掌现大多在室内栽植，其中尤以小型、花多的球形仙人掌受欢迎，可利用铁丝与塑料薄膜等工具在阳台等处为仙人掌营造一个高温、高湿的密闭生长环境，以促进其长势更快、更好。盆土以排水性和透气性良好，且含有石灰质的沙壤土为佳，可以用 1 份谷壳灰、2 份腐叶土、3 份壤土、4 份粗河沙混合配制。

初日之出

别名：单刺团扇　属名：仙人掌属　产地：墨西哥、美国

喜光，
日照要充足

生长期每月施肥
1次

生长适温为
15 ~ 35℃

春季至秋初每月浇
水1次

形态特征

初日之出为多年生肉质植物。植株呈灌木状，茎节长椭圆形，株高为20 ~ 40厘米，株幅15 ~ 25厘米。茎表皮蓝绿色，镶嵌着黄色斑纹或通体黄色。叶片肉质，倒卵状椭圆形，表面有稀疏疣突，生有刺。刺座上着生1 ~ 2枚淡褐色芒刺。花碗状，黄色。花期在夏季。

黄毛掌

别名：金乌帽子　属名：仙人掌属　产地：墨西哥北部

喜光，
日照要充足

生长期每月施肥
1次

生长适温为
20 ~ 25℃

不能过多浇灌，
宁干勿湿

形态特征

黄毛掌为多年生肉质植物。植株直立且多分枝，灌木状，株高60 ~ 100厘米。茎黄绿色，阔椭圆形或广椭圆形。刺座被一层金黄色的钩毛。淡黄色花，呈短漏斗形。圆形浆果为红色，果肉为白色。花期在夏季。

白毛掌

别名：白桃扇　属名：仙人掌属　产地：墨西哥

喜光，
日照要充足

生长期每月施肥1次

生长适温为15～25℃

耐旱，不用常浇水

形态特征

白毛掌为多年生肉质植物，是黄毛掌的变种。植株高0.5～2米。茎直立生长，基部略显木质化，圆柱形。扁平的叶片呈掌状，倒卵形至椭圆形，绿色，刺座稀疏，长有白色钩毛。花单生于刺窝上，花蕾为红色，花开后变为黄白色。浆果为梨形，紫红色。花期在夏季。

世界图

别名：短毛球锦　属名：仙人球属　产地：巴西、乌拉圭

喜光，
日照要充足

生长期每月施氮磷肥1次

生长适温为18～27℃

春季至秋季每周浇水1次

形态特征

世界图为多年生肉质植物。植株呈扁球形至球形，颜色深绿，有11～12枚棱，有短刺14～18枚。球体绿色，上面分布有不规则的黄色斑块，或是黄色和绿色各占球体的一半，有些甚至整个球体都呈黄色。花侧生，呈漏斗状，白色。花期在夏季。

花盛球

别名：仙人球花、草球花　属名：仙人球属
产地：阿根廷及巴西南部

喜光，
夏季适当遮阴

偶尔施点磷钾肥
即可

生长适温为
15 ~ 25℃

耐旱，不用常浇水

形态特征

花盛球为多年生肉质植物。植株单生或丛生，幼时呈球形，老时变为圆筒形。暗绿色的球体上有 11 ~ 12 道棱，呈有规律的波状，棱上有锥状刺，新刺为黑褐色，老刺为黄褐色。花从球体侧面开出，呈喇叭状，白色。花期在夏季。

鼠尾掌

别名：药用鼠尾草、撒尔维亚　属名：鼠尾掌属
产地：中美洲

喜光，
日照要充足

生长期每 10 ~ 15 天
施液肥 1 次

生长适温为
24 ~ 26℃

生长期需要充分
浇水

形态特征

鼠尾掌为多年生肉质植物。细长的变态茎旋状下垂生长，有气根。嫩茎为绿色，老茎变为灰色，茎上有 10 ~ 14 道棱，新刺为红色，逐渐变成黄色至褐色。粉红色的花呈漏斗状。红色浆果球形，有刺毛。花期在 4 ~ 5 月。

丽光殿

别名：无　属名：乳突球属　产地：墨西哥

喜光，
日照要充足

生长期每月施肥
1 次

生长适温为
15 ~ 25℃

生长期可稍多
浇水

形态特征

丽光殿为多年生肉质植物。植株起初单生，后发展为群生，单株高 4 ~ 6 厘米，直径 7 ~ 8 厘米。植株表面为绿色，较柔软，呈疣突圆筒形。植株四周有 60 ~ 80 枚白色的毛状刺，长 1.5 厘米，另有 1 枚红褐色的钩状中刺。花从近顶部的老刺座的腋部开出，紫红色。花期在夏季。

高砂

别名：伊达锦　属名：乳突球属　产地：美国

喜光，
日照要充足

生长期每月施肥
1 次

生长适温为
15 ~ 25℃

春季至初秋每半月
浇水 1 次

形态特征

高砂为多年生肉质植物。植株丛生，球形。茎表皮呈蓝绿色，有 8 ~ 13 个呈螺旋状排列的棱。刺座密集，着生周刺 25 ~ 50 枚，红色或黄褐色，尖端钩状。花呈钟状，粉白色，花瓣有红色或粉红色中条纹，花直径 1.5 厘米。花期在夏季。

玉翁

别名：无　属名：乳突球属　产地：墨西哥

喜光，
日照要充足

半年施稀薄液肥
1次

生长适温为
24～26℃

平均3～4周
浇水1次

形态特征

玉翁为多年生肉质草本植物。植株单生，呈圆球形至椭圆形，鲜绿色。植株低于20厘米，球径小于15厘米，有13～21个由圆锥形的疣状突起呈螺旋形排列的棱，疣腋间有15～20根白毛，有白色刚毛状的周刺30～35枚，褐色中刺2～3枚。花期在春季。

白玉兔

别名：白神丸　属名：乳突球属　产地：墨西哥

喜光，
日照要充足

生长期每月施肥
1次

生长适温为
19～24℃

春季至秋季每半月
浇水1次

形态特征

白玉兔为多年生肉质植物。植株易群生，株高15～30厘米。茎球形至圆筒形，中绿色。刺座密被白色绵毛，着生16～20枚白色周围刺；中刺2～4枚，白色，顶端褐色。花呈钟状，红色，长1.5厘米，有红色条纹。果实为红色，棒状。花期在暮春至夏季。

金手指

别名：黄金司　属名：乳突球属
产地：墨西哥伊达尔戈州

喜光，
日照要充足

生长期每月施肥
1 次

生长适温为
20 ~ 28℃

不干不浇，
浇则浇透

形态特征

金手指为多年生肉质植物。植株布满黄色的软刺。茎肉质，像人的手指一样。起初单生，逐渐变成丛基部生出圆球形至圆筒形的仔球，单株直径 1.5 ~ 2 厘米，明绿色。有 13 ~ 21 道由圆锥疣突呈螺旋状排列的棱。有 15 ~ 20 枚黄白色刚毛状的周刺，1 枚易脱落的黄褐色针状中刺。花侧生，钟状，淡黄色。花期一般在春末夏初。

栽培要点

金手指株型优美，有很高的观赏价值。金手指的花语是华贵、时尚。它有净化和改善室内空气的作用，对健康很有好处。栽培时宜选用肥沃、排水良好的沙质土壤。每 1 ~ 2 年翻盆 1 次。注意防治炭疽病、斑枯病，以及介壳虫、红蜘蛛等病虫害。保持良好的通风可以减少病虫害的发生。

白龙球

别名：无　属名：乳突球属　产地：美洲

喜光，
忌烈日暴晒

生长期每月施肥
1次

生长适温为
15 ~ 25℃

春季至初秋每半月
浇水1次

形态特征

白龙球为强刺类多年生肉质植物。植株丛生，呈球形至棒状，颜色为淡灰绿色，植株顶端被有白色绵毛。有粗短的疣状突起，腋部有白色绵毛及较长的白刺毛。小花呈钟形，粉红色，长1 ~ 1.5厘米，开在球体顶部，呈环状排列。花期在春季。

银手球

别名：银毛球　属名：乳突球属　产地：墨西哥

喜光，
盛夏要遮阴

生长期每2周施肥
1次

生长适温为
20 ~ 28℃

成活后土壤保持偏
干燥

形态特征

银手球为多年生肉质植物。植株易群生，为短小的圆筒形。单球直径2 ~ 3厘米，颜色为灰绿色。植株有周刺12 ~ 15枚，为白色的刚毛样短刺，有1枚白色针状中刺。小花侧生，淡黄色，呈钟状，直径1厘米左右。花期为全年。

猩猩球

别名：猩球　属名：乳突球属　产地：墨西哥

喜光，
日照要充足

生长期每月施肥
1次

生长适温为
15 ~ 25℃

春季至秋季每半月
浇水1次

形态特征

猩猩球为多年生肉质植物。植株单生，圆筒状，株高可达30厘米，直径10厘米。疣突腋部生有绵毛及刺毛。植株周体生有20 ~ 30枚辐射刺，大多为白色，也有红色、褐色或者黄色。有7 ~ 15枚针状中刺，其中有1枚生有小钩。花浅红色至紫红色，直径1.5厘米。花期在春季。

月世界

别名：雪球仙人掌　属名：月世界属
产地：美国、墨西哥

喜光，
日照要充足

生长期每4 ~ 5周
施肥1次

生长适温为
18 ~ 25℃

春季至秋季适度
浇水

形态特征

月世界为多年生肉质植物。植株单生或丛生。茎表面浅灰绿色，无棱，小疣突螺旋状排列，疣突顶端有刺座，球体密被白色毛状细刺。小花呈漏斗状，有白色、粉红色、橙色。浆果红色，棍棒状。花期在夏季。

小人帽子

别名：无　**属名：**月世界属　**产地：**美国、墨西哥

喜光，
日照要充足

生长期施肥
2 ~ 3 次

生长适温为
18 ~ 25℃

春季、夏季每半月
浇水 1 次

形态特征

小人帽子为多年生肉质植物，是月世界的茸状变种。植株小型，丛生，球形，长大后为圆筒形，高 4 厘米。茎无棱，疣状突起呈螺旋状排列，球体密被细小的软刺，白色或淡黄色，成熟植株顶部长出白色短绒毛。花顶生，很小，白色或淡桃红色，花直径为 1 厘米。花期在春季。

火龙果

别名：红龙果、仙蜜果、玉龙果　**属名：**量天尺属
产地：墨西哥及西印度群岛

喜光，也耐半阴

生长期每月施肥
1 次

生长适温为
19 ~ 35℃

生长期充分浇水

形态特征

火龙果为多年生攀缘性肉质植物。肉质茎有 3 道边缘呈波浪状的扁棱，棱上有硬刺。花白色，直立。果实大，长圆形或卵圆形，果皮红色，有绿色三角形的叶状体，果肉白色，密布芝麻状的黑色种子。花期在夏季、秋季。

仙人指

别名：仙人枝　属名：仙人指属　产地：南美

喜半阴，
忌强光直射

每 10 天左右施肥
1 次

生长适温为
15 ~ 25℃

生长期保持盆土
湿润

形态特征

仙人指为多年生肉质植物。植株分枝较多，呈下垂状。肉质枝节，扁平，每节的形状为长圆形叶状，节两侧各有1 ~ 2个钝齿，节部平截。茎节淡绿色，长3 ~ 3.5厘米，宽1.5 ~ 2.5厘米，中脉明显，边缘呈浅波状。花为整齐花，单生于枝顶，长约 5 厘米，有多种颜色，包括紫色、红色、白色等。花期在 2 月。

栽培要点

仙人指株型优美，且花色艳丽，花期较长，是观赏价值较高的花卉，常作盆栽摆放在室内或悬挂于廊檐、窗前。仙人指的养护也较容易，它可以在光照不足的室内栽植，用来装饰客厅、书房等，点缀性很强。盆土宜用排水性、透气性良好的肥沃土壤，可以用泥炭土和腐叶土等混合配制。

黑士冠

别名：无　属名：龙爪球属　产地：智利

 喜光，日照要充足

 生长期每月施肥1次

 生长适温为19～24℃

 生长期适度浇水

形态特征

黑士冠为多年生肉质植物。植株起初为单生，后子球发展成丛生状。球体表面为灰白色，有14～18道棱，刺座密生，有刺5～6枚，黑色，后减少到1～2枚。花黄色，长3厘米。花期在夏季。

五百津玉

别名：无　属名：极光球属　产地：智利

 喜光，日照要充足

 每月施肥1次

 生长适温为21～28℃

 生长期每半月浇水1次

形态特征

五百津玉为多年生肉质植物。植株单生。茎扁球形至圆球形，有12～15道棱，棱缘突起，黄绿色。刺座着生7～8枚周刺，1枚中刺，略向内弯，黄褐色，新刺尖端黑色。花紫红色，呈钟状。花期在春季至夏初。

绯花玉

别名：无　属名：裸萼球属　产地：南美洲

喜光，
日照要充足

生长期每月施肥
1次

生长适温为
15 ~ 25℃

春季至秋季每半月
浇水1次

形态特征

绯花玉为多年生肉质植物。植株扁球状，直径约10厘米，有针状刺，每个刺座大约有5枚周刺，颜色为灰色，1枚较粗的褐色中刺，中刺长度可达1.5厘米。花顶生，直径3 ~ 5厘米，颜色有白色、红色和玫瑰红色。深灰绿色的果呈纺锤状。花期在5月。

瑞云

别名：瑞云牡丹　属名：裸萼球属
产地：阿根廷、巴拉圭

喜光，
盛夏适当遮阴

生长期每半月施
肥1次

生长适温为
15 ~ 30℃

生长期保持盆土
湿润

形态特征

瑞云为多年生肉质植物。植株单生或群生，球形。茎表面灰绿色或紫褐色，阔棱8 ~ 12道，刺座着生在棱脊上，周刺5 ~ 6枚，灰黄色，弯曲，并伴随着白色绒毛。花通常数朵同开，呈漏斗状，粉红色。花期在春末至夏初。

蟹爪兰

别名： 圣诞仙人掌、蟹爪莲　**属名：** 蟹爪兰属
产地： 热带、亚热带地区

较耐阴，
夏季怕高温炎热

每周施 1 次稀薄液肥

生长适温为
20 ~ 25℃

生长期保持盆土湿润

形态特征

蟹爪兰为多年生肉质植物。植株呈灌木状，茎多向下悬垂，分枝较多且无刺，幼茎呈扁平状，老茎木质化。叶片翠绿或带有少许紫色，叶端呈截形，叶两侧各有 2 ~ 4 枚粗锯齿，叶表和叶背各有一个肥厚的中肋。玫瑰红色的花单生于枝顶，两侧对称开放。花期从 10 月至次年 2 月。

栽培要点

蟹爪兰的茎节较长，常呈悬垂状生长，因此非常适合作为悬挂盆栽，将其放在窗台、客厅、廊前和展览大厅等处，有很好的装饰作用。蟹爪兰的花语为“鸿运当头”“运转乾坤”，寓意很好，也因此很受欢迎。蟹爪兰每1 ~ 2年于3 ~ 4月换盆1次，盆土应用疏松肥沃、透气性良好的微酸性土壤。换盆时可以稍作修剪，以促进新枝长出。

绯牡丹

别名：红灯、红牡丹　属名：裸萼球属　产地：南美洲

喜光，
日照要充足

生长期每 10 ~ 15 天施肥 1 次

生长适温为
15 ~ 32℃

不干不浇，
浇则浇透

形态特征

绯牡丹为多年生肉质植物，是牡丹玉的斑锦变异品种。茎呈扁球状，直径 3 ~ 4 厘米，颜色有深红、鲜红、紫红、橙红和粉红等。球体有 8 道棱，且横脊突出。成熟球体易群生子球，有较小的刺座，没有中刺，有较短的辐射刺或辐射刺脱落。花生于顶部的刺座上，呈细长的漏斗形。红色的果实呈细长的纺锤形。花期在春季、夏季。

栽培要点

绯牡丹是良好的室内盆栽，可以在室内植物园大量栽植，尤其是与其他种类的仙人掌植物组合种植，观赏效果更佳。每年春季换盆 1 次，宜在气温 10℃以上时进行。盆土可以选用泥炭土、草炭土和君子兰土，再加入少许珍珠岩混合配制，酸碱度以微酸性至中性为佳。花盆底部宜放一些陶粒，以利于透气、排水。

黑牡丹玉

别名：无　属名：裸萼球属　产地：巴拉圭

喜光，日照要充足

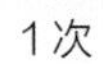
生长期每月施肥1次

生长适温为18～25℃

春季、夏季每周浇水1次

形态特征

黑牡丹玉为多年生肉质植物。植株扁球形或椭圆形。茎有8～12道棱，棱壁有横肋，表皮墨绿色，刺座着生4～6枚周刺，黄白色，中刺1～3枚，黄褐色。花顶生，呈漏斗状，桃红色，花直径3～4厘米。花期在春季至夏季。

胭脂牡丹

别名：无　属名：裸萼球属　产地：巴拉圭

喜光，日照要充足

生长期每月施肥1次

生长适温为18～25℃

春季、夏季每周浇水1次

形态特征

胭脂牡丹为多年生肉质植物。植株扁球形，基部易萌生子球。茎有8道棱，棱壁有横肋，通体胭脂红色。刺座着生3～5枚淡粉色周刺，无中刺。花顶生，呈漏斗状，淡红色，长3～5厘米。花期在春末夏初。

蛇龙球

别名：无　属名：裸萼球属　产地：巴西、阿根廷

喜光，
日照要充足

生长期每月施肥
1 次

生长适温为
15 ~ 25℃

春季至秋季每半月
浇水 1 次

形态特征

蛇龙球为多年生肉质植物。植株单生，呈球形或扁圆形。茎深绿色，有阔棱 5 ~ 8 道。刺座隆起，锥形，长 1 ~ 1.5 厘米，着生周刺 5 ~ 8 枚，黄白色。花呈漏斗状，白色或粉色，花直径 7 厘米。花期在夏季。

新天地

别名：无　属名：裸萼球属　产地：阿根廷

喜光，
日照要充足

生长期每月施肥
1 次

生长适温为
18 ~ 25℃

春季、夏季每周
浇水 1 次

形态特征

新天地为多年生肉质植物。植株单生，球形，顶部扁平，是本属中株型最大的。茎绿色或淡蓝绿色，棱 10 ~ 30 道，有突起的球形小瘤块。刺座着生红褐色至黄色刺，周刺 7 ~ 15 枚，中刺约 3 枚。花呈漏斗状，花直径 2 厘米。花期在初夏。

万重山

别名：仙人山　**属名：**仙人柱属　**产地：**南非

喜光，
日照要充足

一般不需要施肥

生长适温为
15 ~ 30℃

每隔 3 ~ 5 天浇水
1 次

形态特征

万重山为多年生肉质植物。植株肥厚，呈假山形或不规则的圆柱形，通体生有毛状刺。暗绿色的茎上着生有褐色的刺。刺座上的刺较长，且颜色常有变化。花较大，喇叭状或漏斗形，白色或粉红色，夜晚开放，白天闭合。花期在夏季、秋季。

翁柱

别名：白头翁　**属名：**翁柱属　**产地：**墨西哥

喜光，
盛夏适当遮阴

生长期每月施低氮
素肥 1 次

生长适温为
16 ~ 32℃

生长过程中盆土
不宜过湿

形态特征

翁柱为多年生肉质植物。植株较高大，呈圆柱状，通常不分枝或偶尔分枝，有 20 ~ 30 道棱。有排列紧密的较大刺座，刺座上有 1 ~ 5 枚黄色细刺，密生白毛，且越往顶部越多越长，像是一位白发老翁。花呈漏斗形，花瓣白色，有红色中脉。花期在夏季。

银翁玉

别名：无　属名：智利球属　产地：智利亚热带半荒漠区

喜光，
日照要充足

生长期每月施肥
1次

生长适温为
18 ~ 30℃

生长期每半月浇水
1次

形态特征

银翁玉为多年生肉质植物。植株单生，起初呈球形，后逐渐变成短圆筒状，直径5 ~ 6厘米，有16 ~ 18道棱。刺座下方突出，呈椭圆形，刺座上布满黄褐色的短绵毛。有针状刺约30枚，长2 ~ 2.5厘米，白色至灰白色，弯曲。花淡红色，花期在春季。

金赤龙

别名：赤龙仙人球　属名：强刺球属　产地：美国、墨西哥

喜光，
日照要充足

生长期每月施液肥
1次

生长适温为
15 ~ 30℃

耐旱，
生长期适度浇水

形态特征

金赤龙为多年生肉质植物。植株幼时呈球形，老株则变成圆筒形。株高1.5米，株幅80厘米。茎上有15 ~ 25道直棱，深绿至灰绿色。刺座着生周刺12 ~ 30枚，较长，扁平，有钩，黄色、褐色或灰色，弯曲，刺端淡红褐色。花顶生，钟状，黄色、褐色或红色。花期在夏季。

江守玉

别名：无　属名：强刺球属　产地：墨西哥及美国南部

喜光，
日照要充足

生长期施肥
3 ~ 4 次

生长适温为
20 ~ 28℃

春季至夏末每半月
浇水 1 次

形态特征

江守玉为多年生肉质植物。植株起初呈扁圆形至球形，后变成圆柱状。刺座上密布白色茸毛。球径 30 ~ 35 厘米，高 1 米以上。球体有 8 ~ 13 道疣状突出的棱，若球体较大，可有 22 ~ 32 道棱。有 5 ~ 8 枚周刺，1 枚中刺。橙黄色花呈漏斗状，直径 6 ~ 7 厘米。花期在春季。

赤刺金冠龙

别名：无　属名：强刺球属　产地：美国、墨西哥

喜光，
日照要充足

生长期每月施液
肥 1 次

生长适温为
20 ~ 28℃

生长期适度浇水

形态特征

赤刺金冠龙为多年生肉质植物，是金冠龙的栽培品种。植株单生，球形至圆筒形。茎深绿色，有瘤棱 13 ~ 22 道。刺座着生周刺 4 ~ 6 枚，白色，中刺 4 ~ 10 枚，扁平，弯曲，红色。花呈钟状，黄色或淡红黄色。花期在夏季。

王冠龙

别名：蓝筒掌　属名：强刺球属　产地：墨西哥

喜光，
日照要充足

生长期每月施肥
1 次

生长适温为
24 ~ 28℃

春季至夏末每半月
浇水 1 次

形态特征

王冠龙为多年生肉质植物。植株呈球形，易群生。整体有棱 11 ~ 14 道，而且棱沟较深。全株刺座密集，有白毛，生有周刺 6 ~ 8 枚，黄色，中刺 1 枚。花黄色，较大，花直径 2 ~ 3 厘米。花期在春季。

巨鹫玉

别名：鱼钩球　属名：强刺球属　产地：墨西哥

喜光，
盛夏适当遮阴

生长期每月施肥
1 次

生长适温为
24 ~ 28℃

春季至夏末每半月
浇水 1 次

形态特征

巨鹫玉为多年生肉质植物。植株呈球形至圆筒形，单生。茎深绿色，有棱 13 道，棱背高而薄，呈螺旋状排列。全株刺座大，生有周刺 11 枚，白色，中刺 4 枚，扁平带钩，红褐色。花呈漏斗状，橙红色。花期在春末至夏初。

日之出球

别名：无　**属名：**强刺球属　**产地：**墨西哥

喜光，
日照要充足

生长期每月施肥
1 次

生长适温为
15 ~ 28℃

春季至秋季每月
浇水 1 次

形态特征

日之出球为多年生肉质植物。植株常为单生，呈凹球形。株高 10 ~ 40 厘米，株幅 40 厘米。茎淡灰绿色，有 15 ~ 23 道棱。刺座大，着生周刺 6 ~ 15 枚，中刺 4 枚，红色，最下面的刺呈扁平状，有钩。花呈钟状，花色有黄色、白色、红色。花期在夏季。

裸般若

别名：无　**属名：**星球属　**产地：**墨西哥

喜光，
盛夏适当遮阴

生长期每月施肥
1 次

生长适温为
18 ~ 25℃

生长期保持盆土
稍湿润

形态特征

裸般若为多年生肉质草本，是般若的栽培品种。植株单生，球形。株高为 20 ~ 25 厘米，株幅为 15 ~ 20 厘米。茎上有 8 道棱，表面青绿色，无星点。花呈漏斗状，黄色。花期在夏季。

鸾凤玉

别名：多柱头星球、僧帽　属名：星球属　产地：墨西哥

 喜光，日照要充足

 生长期每月施肥1次

 生长适温为18～25℃

 生长期每半月浇水1次

形态特征

鸾凤玉为多年生肉质植物。植株呈球状，随着株龄增长，植株逐渐变为细长筒状。球体直径为10～20厘米。棱的刺座上长有褐色绵毛，但不长刺。球体呈灰白色，表面密被白色星状毛或布满小鳞片。花呈漏斗形，为黄色，有的中间还有红心，生于球顶端的刺座上。花期在夏季。

龟甲鸾凤玉

别名：无　属名：星球属　产地：墨西哥

 喜光，日照要充足

 生长期每月施肥1次

 生长适温为18～25℃

 生长期每半月浇水1次

形态特征

龟甲鸾凤玉为多年生肉质植物，是鸾凤玉的龟甲品种。植株单生，株高10～15厘米，株幅10～15厘米。全株有5道棱，表面清灰绿色，棱沟两侧被白色小斑点，刺座上有横向沟槽。花呈漏斗状，淡黄色。花期在夏季。

四角鸾凤玉

别名：四方玉　属名：星球属　产地：墨西哥

 喜光，盛夏适当遮阴

 生长期每月施肥1次

 生长适温为18 ~ 25℃

 生长期每2周浇水1次

形态特征

四角鸾凤玉为多年生肉质植物，是鸾凤玉的变种。植株单生。茎有4道棱，呈正方形，表面为深绿色，密布白色星点。花顶生，呈漏斗状，淡黄色，花直径2 ~ 3厘米。花期在夏季。

三角鸾凤玉

别名：无　属名：星球属　产地：墨西哥

 喜光，盛夏适当遮阴

 生长期每月施肥1次

 生长适温为18 ~ 25℃

 生长期每2周浇水1次

形态特征

三角鸾凤玉为年生肉质植物，是鸾凤玉的栽培品种。植株单生，随着株龄增长，从圆球形至圆柱形。球体呈对称的五角状，为青绿色，上面有少数的白色星点，棱一般有5道，球体较大的则有6 ~ 8道，且棱脊较高。花呈漏斗状，淡黄色，花直径3 ~ 4厘米。花期在夏季。

四角琉璃鸾凤玉

别名：碧云玉　属名：星球属　产地：墨西哥

喜光，
盛夏适当遮阴

生长期每月施肥
1 次

生长适温为
18 ~ 25℃

生长期每 2 周
浇水 1 次

形态特征

四角琉璃鸾凤玉为多年生肉质植物，是四角鸾凤玉的栽培品种。植株单生，四方形。茎有 4 道棱，表面碧绿色，光滑，无星点。花顶生，呈漏斗状，淡黄色，花直径 2 ~ 3 厘米。花期在夏季。

四角碧鸾锦

别名：碧方玉锦　属名：星球属　产地：美国、墨西哥

喜光，
盛夏适当遮阴

生长期每月施肥
1 次

生长适温为
18 ~ 25℃

生长期每半月浇水
1 次

形态特征

四角碧鸾锦为多年生肉质植物，是四角鸾凤玉的斑锦品种。植株单生，呈方形，株高、株幅均为 6 ~ 10 厘米。茎有 4 道棱，表面碧绿色，镶嵌着黄白色斑块，光滑，无星点。花呈漏斗状，淡黄色，花直径 2 ~ 3 厘米。花期在夏季。

白云碧鸾锦

别名：无　属名：星球属　产地：墨西哥

 喜光，日照要充足

 生长期每月施肥1次

 生长适温为18～25℃

 生长期每2周浇水1次

形态特征

白云碧鸾锦为多年生肉质植物，是碧琉璃鸾凤玉的斑锦品种。植株单生，圆筒形。茎有5道棱，表面深青绿色，镶嵌有红色斑块，并不规则分布云片状白色星点。花呈漏斗状，淡黄色，花直径3～4厘米。花期在夏季。

鸾凤阁

别名：柱状鸾凤玉　属名：星球属　产地：墨西哥

 喜光，日照要充足

 生长期每月施肥1次

 生长适温为18～25℃

 生长期每2周浇水1次

形态特征

鸾凤阁为多年生肉质植物。植株单生，球形或圆柱形。球体上有5道棱，刺座虽无刺，但有褐色绵毛。球体灰绿色，上密被细小的白色星状毛或小鳞片。花顶生，呈漏斗状，黄色，花心红色。花期在夏季。

象牙球

别名：象牙仙人球、象牙丸　属名：菠萝球属
产地：墨西哥中部

喜光，
日照要充足

生长期施肥
3 ~ 4 次

生长适温为
20 ~ 25℃

春季至初秋每周
浇水 1 次

形态特征

象牙球为多年生肉质植物。植株单生或丛生，圆球形。球径 30 ~ 80 厘米。球体上有棱 20 ~ 30 道，上有金黄色的扁平强刺，并密生黄色冠毛。花顶生，黄色。花期在夏季。

白檀

别名：金牛掌、葫芦拳　属名：白檀属　产地：阿根廷西部

喜光，也耐半阴

生长期每月施肥
1 次

生长适温为
15 ~ 25℃

春季至秋季每月
浇水 1 次

形态特征

白檀为多年生肉质植物。植株丛生，肉质，分枝较多，茎呈细筒状。球体淡绿色，上有棱 6 ~ 9 道，幼株直立生长，后逐渐呈匍匐状。球体上有辐射刺 10 ~ 15 枚，为白色刺毛状，但无中刺。花侧生，呈漏斗状，鲜红色，花直径 7 厘米。花期在夏季。

神乐狮子

别名：菠萝球　属名：菠萝球属　产地：墨西哥

 喜半阴

 生长期施肥 3 ~ 4 次

 生长适温为 20 ~ 25℃

 春季至初秋每周浇水 1 次

形态特征

神乐狮子为多年生肉质植物。株高 8 ~ 10 厘米，株幅 5 ~ 7 厘米。植株球形，很像象牙球，体形稍小。花柠檬黄色，较大，直径 4 ~ 5 厘米。花期在夏季。

兜

别名：星球、星兜　属名：星球属　产地：美国、墨西哥

 喜光，盛夏适当遮阴

 生长期每月施肥 1 次

 生长适温为 18 ~ 30℃

 生长期每半月浇水 1 次

形态特征

兜为多年生肉质植物。植株单生，呈半球形。株高 10 厘米，株幅 10 厘米。球体青绿色，上面的白色星点均匀分布，棱有 8 道，圆形刺座上还生有白色茸毛。花顶生，呈漏斗状，鲜黄色，喉部红色，花直径 3 ~ 7 厘米。花期在春季至秋季。

茜云

别名：无　属名：花座球属　产地：巴西

喜光，
日照要充足

生长期每月施肥
1次

生长适温为
19 ~ 24℃

春季至秋季每半
月浇水1次

形态特征

茜云为多年生肉质植物。植株较大，单生。全株有10 ~ 12道棱，棱缘有时弯曲。花座与球体同等大小，上有浓密的暗红色刚毛。刺座着生刺10 ~ 15枚，红褐色，尖而硬。花呈漏斗状，紫红色，2厘米长，直径1.2厘米。花期在夏季。

层云

别名：无　属名：花座球属　产地：哥伦比亚、古巴

喜光，
日照要充足

生长期每月施肥
1次

生长适温为
19 ~ 24℃

春季至秋季每半月
浇水1次

形态特征

层云为多年生肉质植物。植株有茎，单生，扁圆形。全株有棱10 ~ 12道，蓝绿色，生有周刺7 ~ 8枚，淡褐色，中刺1枚，褐色。花淡红色，花座紫红与白色间杂。花期在夏季。

黄金云

别名：菠萝球　属名：花座球属　产地：巴西

喜光，
日照要充足

生长期每月施肥
1 次

生长适温为
19 ~ 24℃

春季至秋季每半月
浇水 1 次

形态特征

黄金云为多年生肉质植物。植株单生，球形，株高 20 ~ 80 厘米，株幅 8 ~ 10 厘米。茎有 13 ~ 18 道棱，棱缘薄，表面灰绿色，刺座着生周围 8 ~ 10 枚，中刺 1 枚，新刺金黄色，老刺黄褐色。花座浅褐色。花呈漏斗状，紫粉色，花直径 1.5 ~ 2 厘米。花期在夏季。

福禄寿

别名：福乐寿　属名：鸡冠柱属　产地：美国、墨西哥

喜光，
日照要充足

生长期每月施肥
1 次

生长适温为
16 ~ 25℃

生长期每半月浇水
1 次

形态特征

福禄寿为多年生肉质植物。植株柱状，株高 1 ~ 2 米，株幅 50 ~ 60 厘米。茎石化，棱肋错乱，表面为灰绿色，光滑，呈乳状突起，刺座无或着生少量短刺，褐红色。花白色，花期在夏季。

绫波

别名：无　属名：绫波属　产地：美国、墨西哥

喜光，
日照要充足

生长期每月施肥
1 次

生长适温为
13 ~ 24℃

生长期每周浇水
1 次

形态特征

绫波为多年生肉质植物。植株单生，球体呈端正的扁圆形，深绿色，球体直径约 30 厘米，高 15 厘米。球体上有棱 13 ~ 27 道，上有锥状周刺 6 ~ 7 枚，中刺 1 枚，新刺为淡黄色夹杂着淡红色，老刺为黄褐色。花呈钟状，花直径 5 ~ 5.5 厘米。花期在夏季。

金琥

别名：黄刺金琥、金琥仙人球　属名：金琥属
产地：墨西哥

喜光，
日照要充足

生长期每月施肥
1 次

生长适温为
13 ~ 24℃

生长期每周浇水
1 次

形态特征

金琥为多年生肉质植物。植株单生，球形。茎亮绿色，有 20 ~ 40 道棱，刺座较大，刺座上着生周刺 8 ~ 10 枚，均为金黄色。花亮黄色，呈钟形，长 4 ~ 6 厘米。花期在夏季。

无刺金琥

别名：裸琥　属名：金琥属　产地：墨西哥

喜光，
日照要充足

生长期每月施肥
1次

生长适温为
13 ~ 24℃

生长期每周浇水
1次

形态特征

无刺金琥为多年生肉质植物，是金琥的变种。植株为翠绿色，圆球状，上有直棱 21 ~ 35 个，且棱的脊缘突出。肉质坚硬，刺极短，被刺座上的茸毛所掩盖。花呈钟形，黄色。花期在夏季。

黄体金琥

别名：无　属名：金琥属　产地：墨西哥

喜光，
日照要充足

生长期每月施肥
1次

生长适温为
13 ~ 24℃

生长期每周浇水
1次

形态特征

黄体金琥为多年生肉质植物，是金琥的斑锦品种。植株呈球形或圆筒形，高 20 ~ 30 厘米，株幅 15 ~ 20 厘米。茎有 15 ~ 20 道棱。通体为金黄色，刺丛密集，象牙色。花期在夏季。

短刺金琥

别名：王金琥　属名：金琥属　产地：墨西哥

喜光，
日照要充足

生长期每月施肥
1次

生长适温为
13 ~ 24℃

生长期每周浇水
1次

形态特征

短刺金琥为多年生肉质植物，是金琥的栽培品种。植株球形。全株有18 ~ 22道棱，有的棱排列不规则，表皮黄绿色或绿色。刺座上密生象牙色短刺，球体顶部刺座密生白色茸毛。花呈钟状，黄色。花期在夏季。

琴丝

别名：琴丝球　属名：长疣球属　产地：墨西哥

喜光，
盛夏适当遮阴

生长期每月施肥
1次

生长适温为
20 ~ 25℃

生长期保持盆土
湿润

形态特征

琴丝为多年生肉质植物。茎呈圆筒形，群生，深绿色，疣突细长，呈圆锥形，长2厘米。刺座着生周刺2 ~ 8枚，细而弯曲，淡黄色，无中刺。花呈漏斗状，白色，花瓣上有1条绿色中线，长2厘米。花期在夏季至秋季。

龙神木缀化

别名：龙神冠　**属名：**龙神柱属
产地：墨西哥、危地马拉

 喜光，日照要充足

 生长期每月施肥 1 次

 生长适温为 20 ~ 30℃

生长期每周浇水 1 次

形态特征

龙神木缀化为多年生肉质植物。植株呈冠状。茎扁化呈鸡冠状或山峦状，粗 10 厘米，表皮为蓝绿色，被白霜。刺座稀疏，有红褐色的周刺 5 ~ 9 枚，黑色稍长的中刺 1 枚。花呈漏斗状，白色。花期在夏季。

金星

别名：长疣八卦掌　**属名：**长疣球属　**产地：**墨西哥

 喜光，日照要充足

 生长期每月施肥 1 次

 生长适温为 18 ~ 26℃

 春季至秋季每半月浇水 1 次

形态特征

金星为多年生肉质植物。植株肥厚，呈青绿色。球体高 8 ~ 15 厘米，直径 8 ~ 15 厘米，疣突呈棒状，长 2 ~ 7 厘米。刺座生于疣突顶端，长有约 2 厘米长的刺 3 ~ 12 枚，黄褐色，但先端颜色较深。花从疣突的叶腋间抽出，呈漏斗状。花期在 5 ~ 9 月。

太阳

别名：王金琥　属名：金琥属　产地：美国、墨西哥

喜光，
日照要充足

生长期每月施肥
1次

生长适温为
22 ~ 26℃

春季至秋季每
10天浇水1次

形态特征

太阳为多年生肉质植物。植株单生，幼株球形，老株圆筒形。茎有12 ~ 23道低浅的棱。刺座中绿色，密生节齿状淡粉白刺，刺尖红色，有周刺16 ~ 25枚，刺覆盖球体，顶部的刺几乎全红。花侧生，呈漏斗状，红色。花期在夏季。

奇特球

别名：无　属名：圆盘玉属　产地：巴西

喜光，
日照要充足

生长期每3周施氮
肥、磷肥1次

生长适温为
21 ~ 30℃

秋季至早春盆土保
持干燥

形态特征

奇特球为多年生肉质植物。植株单生，呈扁球形。全株有15 ~ 22道棱，棱高而直，表皮淡褐绿色。刺座排列紧密，着生周刺8 ~ 10枚，灰白色至褐色，球体顶部有1 ~ 2厘米高的花座。花呈漏斗状，较大，白色。花期在夏季。

金晃

别名：黄翁　属名：南国玉属　产地：巴西南部

喜光，
盛夏适当遮阴

生长期每月施肥
1 次

生长适温为
18 ~ 25℃

春季、夏季每半月
浇水 1 次

形态特征

金晃为多年生肉质植物。分枝较多。茎圆柱形，株高 60 ~ 70 厘米，直径约 10 厘米。球体上有超过 30 道的棱，刺座排列得也很紧密。球体上有黄白色的周刺 15 枚，呈刚毛状，长 0.3 ~ 0.7 厘米；黄色的中刺 3 ~ 4 枚，呈细针状，长 4 厘米。黄色的花生于茎顶端。花期在夏季。

乌羽玉

别名：红花乌羽玉、僧冠掌　属名：乌羽玉属
产地：墨西哥、美国

喜光，
日照要充足

生长期每月施有机
液肥 1 次

生长适温为
18 ~ 24℃

干透浇透

形态特征

乌羽玉为多年生肉质植物。植株丛生。球体为暗绿色或灰绿色，呈扁球形或球形。球体顶端有茸毛，白色或黄白色。球体上的棱呈垂直状或螺旋状排列。花呈钟状或漏斗状，淡粉红色至紫红色。花期在春季至秋季。

英冠玉

别名：莺冠玉　属名：南国玉属　产地：巴西高原地区

喜光，
盛夏适当遮阴

生长期施肥
2 ~ 3 次

生长适温为
18 ~ 24℃

生长期盆土保持
湿润

形态特征

英冠玉为多年生肉质植物。植株单生，有时群生，球形至柱形。全株有棱 11 ~ 15 道。茎顶密生茸毛。刺座排列密集，黄白色刺 12 ~ 15 枚，呈放射状；褐色中刺 8 ~ 12 枚，呈针状。花呈漏斗状，鹅黄色，花直径 5 ~ 6 厘米。花期在 6 ~ 7 月。

栽培要点

英冠玉的植株呈蓝绿色，开鲜艳的黄色花，观赏性很强，适合盆栽或地栽。栽培土适合选用肥沃疏松、排水良好的沙壤土，可用腐叶土、培养土和粗沙混合栽植。它根系发达，生长速度很快，需在每年春季换盆、土，并修剪根系。

雪光

别名：白雪光　属名：南国玉属　产地：巴西

喜光，
盛夏适当遮阴

全年施肥
3 ~ 4 次

生长适温为
18 ~ 25℃

春季、夏季每半月
浇水 1 次

形态特征

雪光为多年生肉质植物。植株单生，表皮为青绿色，呈扁圆形至圆球形，直径 10 ~ 12 厘米。球体上的棱排列如螺旋状，上面有 28 ~ 30 个小疣状突起。球体上有刚毛状的辐射周刺 20 ~ 25 枚，中刺 3 ~ 5 枚，都为白色。花呈漏斗状，橙红至红色。花期在冬季。

武烈柱

别名：武烈球、长毛武烈球、荒狮子
属名：刺翁柱属　产地：南美洲安第斯山

喜光，
日照要充足

生长期每月施肥
1 次

生长适温为
15 ~ 30℃

春季、夏季每周浇
水 1 次

形态特征

武烈柱为多年生肉质植物。植株通常为圆柱形。棱厚，且较明显。植株为黄绿色或绿色，长有黄褐色半透明的强刺，像雄狮的头一样，并密被 8 ~ 10 厘米长的白毛。花单生，呈漏斗状，红色。花期在夏季。

帝冠

别名：帝冠牡丹　属名：帝冠属　产地：墨西哥

喜光，
日照要充足

生长期每月施肥
1 次

生长适温为
16 ~ 29℃

生长期适度浇水，
忌积水

形态特征

帝冠为多年生肉质植物。植株较小，单生。植株呈扁球状，球体直径 15 ~ 20 厘米。球体上的疣突呈三角形叶状，为灰绿色，背面有龙骨突，在茎部呈螺旋排列，整体呈莲座状。花顶生，呈短漏斗状，花白色或白色略带粉红色，花直径 2.3 ~ 3.5 厘米。花期在 5 ~ 8 月。

将军

别名：将军棒、将军柱　属名：圆筒仙人掌属
产地：秘鲁

喜光，
日照要充足

生长期 7 ~ 10 天施
肥 1 次

生长适温为
18 ~ 30℃

见干见湿

形态特征

将军为多年生肉质植物。植株直立，主干粗 5 ~ 10 厘米，高 2 ~ 4 米，茎上有长圆形瘤突，有规律地呈交叉状排列。叶片肉质肥厚，呈细圆柱形，生于茎上部。刺座上有 1 ~ 2 枚淡黄色刺，还有少许的黄色钩毛。花红色，花期在夏季。

岩石狮子

别名：无　属名：天轮柱属　产地：秘鲁

 喜光，盛夏适当遮阴

 生长期每月施肥1次

 生长适温为19～30℃

 生长期每周浇水2～3次

形态特征

岩石狮子为多年生肉质植物，是秘鲁天轮柱的石化品种。株高、株幅均为20～40厘米，植株的茎石化成起伏层叠的山峦状。茎表面深绿色，刺座上着生淡褐色细刺。花呈漏斗状，白色，长10～16厘米。花期在夏季。

菊水

别名：无　属名：菊水属　产地：墨西哥

 喜光，日照要充足

 生长期每月施肥1次

 生长适温为20～30℃

 春季至夏季每半月浇水1次

形态特征

菊水为多年生肉质植物。植株球形。茎单生，肉质坚硬，表皮灰绿色，有12～18道棱，被疣状疣突所分割，每个疣突的中心有一个白色刺座，着生1～5枚白色毛状周刺，没有中刺。花呈漏斗状，白色或淡黄色。花期在夏季。

连城角

别名：四角柱　属名：天轮柱属　产地：巴西

喜光，
盛夏适当遮阴

生长期每月施肥
1次

生长适温为
19 ~ 30℃

生长期每半月浇水
1次

形态特征

连城角为多年生肉质植物。株高4 ~ 5米，直径9 ~ 10厘米。植株深绿色，上有棱4 ~ 5道，棱脊高耸，还有明显的横肋。柱体上有深褐色周刺5 ~ 6枚，呈针状，长0.5 ~ 1厘米，中刺1枚，长1.5 ~ 2厘米。花侧生，呈漏斗状，白色。花期在夏季。

雪溪

别名：无　属名：多棱球属　产地：墨西哥

喜光，
忌烈日暴晒

生长期每月施肥
1次

生长适温为
20 ~ 25℃

生长期每半月浇水
1次

形态特征

雪溪为多年生肉质植物。植株单生，扁球形或球形，深灰绿色，有22 ~ 25道棱，棱高而薄，棱缘呈波状。刺座着生白色短绵毛，周刺10 ~ 15枚，刺毛状，白色，中刺4枚，向上1枚直立扁平，黄褐色。花顶生，白色，花直径2厘米。花期在早春。

鱼鳞球石化

别名：珍珠牡丹、星芒球石化　属名：龙爪球属　产地：智利

喜光，
日照要充足

生长期每月施肥
1 次

生长适温为
19 ~ 24℃

生长期需适度
浇水

形态特征

鱼鳞球石化为多年生肉质植物。植株群生，扁圆形或球形。球体质软，疣突棱锥形，细小而密集，表皮灰褐色至墨褐色，刺座上着生周刺 8 ~ 14 枚，无中刺，球体顶部和疣突顶端密生白色毡毛。花呈钟状，黄色。花期在夏季。

五刺玉

别名：无　属名：多棱球属　产地：墨西哥

喜光，
忌烈日暴晒

生长期每月施肥
1 次

生长适温为
20 ~ 25℃

生长期每半月浇水
1 次

形态特征

五刺玉为多年生肉质植物。植株单生，呈圆球形至椭圆形，青绿色，球体直径 8 ~ 10 厘米。球体上有 25 ~ 50 道棱，棱缘较薄，呈弯曲状。棱上的刺座较少，上有灰褐色刺 5 枚，呈扁平状，其中向上生长的 2 枚较粗壮。花顶生，呈漏斗状，淡紫色，花直径 2.5 ~ 3 厘米。花期在春季。

其他科
多肉植物

全世界的多肉植物大约有1万种，分属于几十个不同的科。较为常见的多肉植物主要有龙舌兰科、百合科景天科、大戟科、仙人掌科、番杏科等。其他科如凤梨科、鸭跖草科、夹竹桃科，以及马齿苋科等也有一些栽培。国内有引进，但相对稀少的多肉植物也有，例如天南星科、牻牛儿苗科、龙树科等。

惠比须笑

别名：短茎棒槌树　**属名：**棒棰树属

产地：安哥拉、纳米比亚等

喜光，
日照要充分

每月施复合肥
1次

生长适温为
22 ~ 24℃

不干不浇，
浇则浇透

形态特征

惠比须笑为多年生肉质植物。根茎肉质肥厚，含有大量水分，呈不规则膨大状，褐色至灰色，上有不规则的突起和皮刺。叶片呈长椭圆形，深绿色，长3 ~ 5厘米，宽约1厘米，叶柄生于根茎的突起部位。花梗长2 ~ 2.5厘米，淡绿色。花黄色，花冠5裂。花期在12月至次年4月。

栽培要点

惠比须笑可作观赏植物，适合盆栽，也适合地栽。盆土宜选用疏松透气、排水良好且颗粒较粗的壤土，可用腐叶土或草炭土2份，粗沙或蛭石、兰石3份混合配制，并适量掺入骨粉或贝壳粉等。每2 ~ 3年的春季换盆1次。

光堂

别名：棒槌树　**属名：**棒槌树属　**产地：**纳米比亚、南非

喜光，
夏季适当遮阴

生长期每月施肥
1 次

生长适温为
15 ~ 24℃

生长期 2 ~ 3 周
浇水 1 次

形态特征

光堂为多年生乔木状肉质草本植物。植株高 1 ~ 3 米，茎干呈圆柱形，肉质，肥大，密生长刺。叶片从茎端抽出，簇生，呈披针形，叶缘弯曲，整体排列为莲座状。花呈筒状，黄绿色或紫红色，里面有黄色条纹。花期在夏季。

美丽水牛角

别名：无　**属名：**水牛角属　**产地：**摩洛哥及加那利群岛

喜光，
夏季适当遮阴

生长期施肥
3 ~ 4 次

生长适温为
15 ~ 25℃

耐干旱，
不需要多浇水

形态特征

美丽水牛角为多年生无叶肉质草本植物。株高 10 ~ 14 厘米，株幅 15 ~ 20 厘米。茎无叶，有 4 道棱，粗 1 ~ 1.5 厘米，表面灰绿色，棱缘着生稀疏肉刺。伞状花序，花较小，黄色，边缘淡红褐色。花期在秋季。

球兰

别名：狗舌藤　属名：球兰属　产地：热带及亚热带地区

喜半阴环境，忌烈日暴晒

生长过程中施肥量较少

生长适温为 20 ~ 25℃

保持盆土湿润

形态特征

球兰为多年生灌木植物。茎节上可生气根。叶片肥厚，呈卵圆形或长圆形，对生，叶端较钝，基部呈圆形。伞状花序，腋生。花冠呈辐射状，花筒较短，其裂片外部无毛，内部多乳头状突起。花期在 4 ~ 6 月。

心叶球兰

别名：腊兰、腊花、腊泉花　属名：球兰属
产地：热带及亚热带地区

喜阴

生长期每月施液肥 2 ~ 3 次

生长适温为 18 ~ 28℃

保持盆土湿润

形态特征

心叶球兰为多年生灌木植物。茎肉质。叶片肥厚，呈心形，叶柄粗壮。叶片呈卵形或长卵形，叶基近似心形，叶顶尖至钝圆形，接近叶轴处无毛，远离叶轴的中脉则肥厚饱满。伞状花序，腋生半球状，花冠白色。花期在 5 月。

斑叶球兰

别名：锦红球兰　属名：球兰属　产地：中国、印度、缅甸

喜半阴，忌烈日暴晒

生长期每半月施肥1次

生长适温为18 ~ 24℃

保持盆土湿润

形态特征

斑叶球兰为多年生灌木植物。茎细长，蔓生，长有气根，且能攀爬。叶片肥厚，呈尖卵形，为乳绿色，叶面上还夹杂着白色或浅黄色色斑。聚伞花序，一般有 10 ~ 15 朵花在茎顶开放，粉红色，五角星形，花瓣蜡质，较厚，还带有香气。花期在 5 ~ 9 月。

栽培要点

斑叶球兰可地栽，常作篱架或攀爬材料；也可盆栽，或悬吊在庭院、花园、长廊等荫棚下栽培，以增添荫棚景观；或放置在茶几、书桌等处作盆饰。盆土宜选用肥沃疏松、排水良好的沙壤土。

大花犀角

别名：海星花、臭肉花　属名：豹皮花属　产地：南非

喜半阴，
避免强光直射

春季、秋季每半月
施肥 1 次

生长适温为
16 ~ 22℃

生长期要充分
浇水

形态特征

大花犀角为多年生肉质草本植物。植株高 20 ~ 30 厘米。茎较粗，呈四角棱状，灰绿色，突起为齿状，与犀牛角相像；向上直立生长，株高 20 ~ 30 厘米，基部分枝较多。开出像海星的星形花，花形较大，淡黄色，上面还带有淡黑紫色的横斑纹，边缘长有浓密而细长的毛，散发臭味。花期在 7 ~ 8 月。

栽培要点

大花犀角常作盆栽，用于装饰书房、客厅的案头、茶几等处，也可作地栽，供人欣赏。盆土宜选用疏松肥沃、排水良好的沙壤土，每年春季换盆、土。

魔星花

别名：无　**属名：**五角星花属　**产地：**南非及阿拉伯地区

光照要充足，避免强光直射

每年春季换盆时施肥 1 次

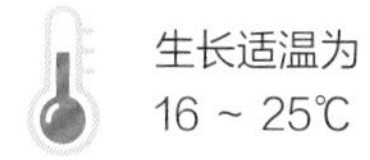

生长适温为 16 ~ 25℃

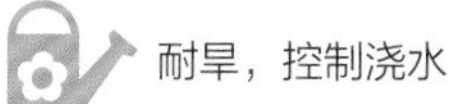

耐旱，控制浇水

形态特征

魔星花为多年生肉质植物。植株丛生，基部分枝较多。茎肉质肥厚，较粗，灰绿色，呈四角棱状，边缘有齿状突起和短茸毛。花从基部抽出，花苞为气囊状，呈菱形，裂开后为 5 瓣。花期在 6 ~ 9 月。

金钱木

别名：金币树、龙凤木　**属名：**马齿苋属
产地：坦桑尼亚及南美洲

喜光，忌强光直射

生长期每月施肥 2 ~ 3 次

生长适温为 20 ~ 32℃

生长期浇水，干透浇透

形态特征

金钱木为多年生常绿草本植物。株高 50 ~ 80 厘米。茎肥大，为块状。叶从块茎顶端抽出，每个叶轴上有小叶 6 ~ 10 对，对生或近对生；叶片呈卵形，绿色，有金属光泽。较短的穗状花序，佛焰花苞船形，绿色。花期在夏季。

珍珠吊兰

别名：绿铃、翡翠珠　属名：千里光属　产地：非洲

喜半阴环境

生长期每隔 10 天施肥 1 次

生长适温为 15 ~ 25℃

耐旱，宁干勿湿

形态特征

珍珠吊兰为多年生常绿肉质草本植物。植株匍匐生长，全株被白粉，茎较纤细。叶片肥厚，为圆心形，像一颗颗珠子，深绿色，互生。顶生头状花序，长 3 ~ 4 厘米，颜色为白色至浅褐色。花期在 2 月至次年 1 月。

泥鳅掌

别名：地龙　属名：千里光属
产地：非洲东部及阿拉伯地区

喜光，日照要充足

生长期施肥 3 ~ 4 次

生长适温为 15 ~ 25℃

生长期保持盆土稍湿润

形态特征

泥鳅掌为多年生肉质植物。植株矮小，呈灌木状。茎匍匐生长，呈圆筒形，两头略尖。茎上有节，灰绿色或褐色，上有深绿色的线状纵条纹。叶片线形，长0.2厘米，很早就枯萎。花橙红色或血红色。花期在夏季。

非洲霸王树

别名：马达加斯加棕榈　**属名：**棒棰树属　**产地：**非洲

喜光，
日照要充足

春季、秋季每15天施肥1次

生长适温为
18～25℃

一般一周浇水
1次

形态特征

非洲霸王树为多年生乔木状肉质植物。植株挺拔，高4～6米，通常不分枝。茎呈圆柱形，褐绿色，上密生粗短的硬刺。叶片生于茎顶，为长广线形叶，长25～40厘米，叶端较尖，整体为翠绿色，但叶柄及叶脉为淡绿色。花高脚碟状，整体乳白色，只有喉部为黄色，花直径11厘米左右。花期在夏季。

栽培要点

非洲霸王树耐旱易养，造型漂亮，还能够净化空气，增加室内的氧负离子含量，适合在开空调的房间摆放。盆土宜选用肥沃疏松、排水良好的沙壤土，可用泥炭、珍珠岩、粗沙按8：1：1的比例混合配制，播种后还要用细泥炭覆盖。每1～2年翻盆1次。

白花鸡蛋花

别名：无　属名：鸡蛋花属　产地：亚洲热带及亚热带地区

喜高温，
日照要充足

每月施肥
1 ~ 2 次

生长适温为
20 ~ 26℃

生长期每天晚上浇
水 1 ~ 2 次

形态特征

白花鸡蛋花为多年生落叶乔木植物。枝干肥厚多汁，较粗壮，绿色，无毛。叶片呈倒披针形，长圆状或长椭圆形，叶顶渐尖，基部狭，为楔形，长 20 ~ 40 厘米，宽 7 ~ 11 厘米，绿色，无毛。顶生聚伞花序，长 16 ~ 25 厘米，宽 15 厘米左右。花期在 5 ~ 10 月。

栽培要点

白花鸡蛋花的树冠端正美观，叶片浓绿，散发微微的清香，落叶后，光秃秃的树干自然弯曲，别有一番风味，北方多作盆栽，南方则多地栽，可用于庭院观赏、园林绿化。盆土宜选用疏松肥沃、排水良好且富含有机质的酸性沙壤土。

棒叶厚敦菊

别名：非洲千里光　**属名：**厚敦菊属
产地：南非、纳米比亚

喜光，
日照要充足

夏、秋季施肥
3 ~ 4 次

生长适温为
18 ~ 24℃

生长期适度浇水

形态特征

棒叶厚敦菊为灌木状多肉植物。植株低矮，分枝没有规律，茎肉质，灰绿色。叶片肉质，呈棍棒状，从茎部圆疣状的生长点长出，灰绿色，长 3 ~ 4 厘米。头状花序，花呈雏菊状，从茎顶端开出，柠檬黄色。花期在夏季。

天龙

别名：无　**属名：**千里光属　**产地：**南非

喜光，
日照要充足

生长期施肥
3 ~ 4 次

生长适温为
15 ~ 25℃

生长期每周
浇水 1 次

形态特征

天龙为多年生肉质灌木植物。茎细长，直立，呈四棱状，棱上有齿状突起，深蓝绿色。叶片灰绿色，长 8 ~ 12 厘米，后变成棘刺。头状花序，花红色或橙红色，长 4 厘米，花柄长。花期在夏季。

亚龙木

别名：大苍炎龙　属名：亚龙木属　产地：马达加斯加

喜光，
日照要充足

生长期施肥
2 ~ 3 次

生长适温为
18 ~ 30℃

不干不浇，
浇则浇透

形态特征

亚龙木为多年生常绿肉质灌木或小乔木。茎干白色至灰白色，上有细锥状的刺。叶片肉质肥厚，生于茎干间，呈长卵形至心形，对生，叶片从大到小，呈绿色至灰黑色。花序长约 30 厘米，黄色或白绿色。花期在夏季。

断崖女王

别名：无　属名：大岩桐属　产地：巴西

喜光，
忌烈日暴晒

薄肥勤施

生长适温为
25 ~ 30℃

见干见湿

形态特征

断崖女王为多年生肉质植物。根肉质，球状或甘薯状块，黄褐色，长有须根。叶片交互对生，呈椭圆形或长椭圆形，叶端较尖，绿色。花簇生于顶端，花筒较细，花瓣边缘稍弯曲，橙红色或朱红色。花期在春末至秋初。

爱之蔓

别名： 心蔓、吊金钱、蜡花　**属名：** 吊灯花属
产地： 南非、津巴布韦

喜光，
忌强光直射

不喜肥，
忌施高磷钾肥

生长适温为
15 ~ 25℃

耐旱，
不用经常浇水

形态特征

爱之蔓为多年生肉质植物。植株匍匐生长，可长达 150 ~ 200 厘米。叶片对生，心形，长 1 ~ 1.5 厘米，宽约 1.5 厘米；叶面的网状花纹呈灰色，叶背呈紫红色。花壶状，红褐色，长约 2.5 厘米。花期在夏季、秋季。开花后会结出羊角状的果实。

栽培要点

爱之蔓具有特殊含义，即表示两个人心心相印，常作盆栽置于室内，可吸收甲醛等有害物质，起到净化空气的作用，一般放在电视、电脑旁。盆土宜选用排水性、透气性良好的壤土，可用草炭土、珍珠岩、河沙按 6 ： 1 ： 3 的比例配制而成。

碰碰香

别名：一抹香　属名：香茶菜属　产地：非洲、欧洲

喜光，
日照要充足

生长期每月施肥
1 次

生长适温为
15 ~ 25℃

见干见湿

形态特征

碰碰香为多年生亚灌木状多肉植物。植株的分枝较多，全株密被白色的细茸毛。茎细小，匍匐状生长。叶片肉质肥厚，交互对生，卵圆形，叶缘有钝锯齿；绿色，叶面较光滑，但密生有细茸毛。开白色小花。花期在夏季。

臭琉桑

别名：琉桑　属名：琉桑属　产地：肯尼亚、索马里

喜光，
日照要充足

生长期每月施肥
1 次

生长适温为
20 ~ 24℃

生长期每周浇水
1 次

形态特征

臭琉桑为多年生亚灌木状多肉植物。茎肉质，呈圆柱状，淡褐色，有分枝，直立或半直立。叶片簇生茎顶，长圆状披针形或椭圆形，叶缘略呈波浪形，黄绿色；新叶有毛，老叶脱落后茎上留有疤痕。头状花序，淡绿色。花期在夏季。

纽扣玉藤

别名：纽扣藤、串钱藤　属名：眼树莲属　产地：澳洲

全日照、半日照均可

生长期每 2 ~ 3 个月施肥 1 次

生长适温为 20 ~ 30℃

不干不浇，浇则浇透

形态特征

纽扣玉藤为多年生肉质草本植物。植株匍匐生长，可攀附或悬垂。茎细长，茎节易生根。叶片肉质肥厚，对生，阔椭圆形或阔卵形，宽 0.7 ~ 1 厘米，叶端稍尖，形状像纽扣，颜色为绿色带银灰色。开红色小花。花期在春季。

栽培要点

纽扣玉藤终年常青，可直接作盆栽，也可将其运用到园艺设计上来，利用它的蔓性特征，让其攀爬在壁面或树干上，起到美化环境的作用。盆土宜选用排水性和透气性良好的沙壤土，可用木屑混合栽培土及珍珠石。

爱元果

别名：青蛙藤、玉荷包　属名：眼树藤属　产地：菲律宾

喜光，
忌阳光直射

每月施肥 1 次

生长适温为
20 ~ 26℃

保持土壤湿润

形态特征

爱元果为多年生草本肉质植物。植株娇小，有缠绕茎。叶片肉质对生，椭圆形，中空饱满，叶端有芒尖，翠绿色，整体呈元宝状，此外，叶片还会特化成一个巨大的囊。花序从叶腋处抽出，开红色小花。花期在夏季、秋季。开花后能结果。

栽培要点

爱元果叶片奇特、花朵艳丽，适合摆放在案头。它的植株娇小而纤细，需选用带支架的小胶盆种植，支架则可固定枝叶，这样更显其姿态柔美。在我国，除华南地区外，其余地区都需将其移入温室越冬。盆土宜选用排水性和透气性良好的沙壤土，切忌土壤黏重。

红椒草

别名：红叶椒草　**属名：**豆瓣绿属　**产地：**秘鲁

 喜光，也耐半阴

 生长期每 20 天施低氮素肥 1 次

 生长适温为 14 ~ 30℃

 生长期充分浇水

形态特征

红椒草为多年生肉质小灌木植物。茎红色，圆柱形，直立生长。叶片肉质对生，椭圆形，光滑，叶面绿色，叶背红色。穗状花序，长 15 厘米，花黄绿色。花期在夏末。

豆瓣绿

别名：青叶碧玉、豆瓣如意　**属名：**草胡椒属
产地：西印度群岛及巴拿马

 喜半阴，忌强光直射

 每月施肥 1 次，直至越冬

 生长适温为 25℃左右

 生长期多浇水

形态特征

豆瓣绿为多年生常绿草本植物。株高 15 ~ 20 厘米。茎肉质肥厚。叶簇生，呈倒卵形，灰绿色，叶面上有深绿色脉纹。穗状花序，开灰白色花。花期在 2 ~ 4 月及 9 ~ 10 月。

柳叶椒草

别名： 刀叶椒草、欢乐豆、幸福豆
属名： 草胡椒属　**产地：** 秘鲁

 喜光照，也耐半阴

 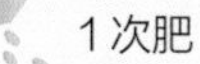 生长期每 3~4 周施 1 次肥

 生长适温为 18 ~ 28℃

 生长期浇水充足

形态特征

柳叶椒草株型小巧。茎干较为粗壮，斧形叶轮生于茎端，叶端尖，基部渐粗。叶片一侧中间呈圆弧形突出，且边缘薄，有透明条纹，另一侧较平直，且边缘厚。开黄绿色花，花序较长。花期在夏末。

白雪姬

别名： 白绢草、雪绢　**属名：** 鸭跖草属
产地： 墨西哥、危地马拉

 喜光，忌烈日暴晒

 生长期每月施肥 1 次

 生长适温为 16 ~ 24℃

 生长期保持盆土湿润

形态特征

白雪姬为多年生蔓性草本肉质植物。植株丛生，高 15 ~ 20 厘米。肉质茎短粗，直立或稍匍匐生长，密被白色长毛。叶片肉质互生，呈长卵形，绿色或褐绿色。花生于茎顶，淡紫粉色。花期在夏季。

金枝玉叶

别名：马齿苋树　**属名：**马齿苋属　**产地：**南非

喜光，
日照要充足

生长期每月施肥
1次

生长适温为
15～25℃

生长期浇水干透
浇透

形态特征

金枝玉叶为多年生常绿肉质灌木植物。株高约3米，水平分枝。茎肉质肥厚，浅褐色至紫褐色。叶片肉质，交互对生，呈倒卵形，长1.2～2厘米，宽1～1.5厘米，绿色，叶面光滑明亮。开淡粉色的两性花，辐射对称或左右对称。花期在夏季。

栽培要点

金枝玉叶生命力旺盛，生长速度很快，要经常进行修剪，将不需要的枝条剪除，还可根据空间条件制作大、中、小等不同规格的盆景。盆土宜选用排水性和透气性良好的沙壤土。每2～3年的春季翻盆1次。

吹雪之松锦

别名：回欢草　属名：回欢草属　产地：纳米比亚

春季、秋季全日照，夏季遮阴

生长期每 2 ~ 3 个月施肥 1 次

生长适温为 15 ~ 28℃

夏季控制浇水，宜保持盆土干燥

形态特征

吹雪之松锦是一种变异多肉植物，带有白色锦斑，株型小巧，高约 5 厘米，适合用小型花盆栽种。叶片厚实，呈倒卵形，色彩艳丽，在植株顶端展开成莲花状，叶腋处有白色丝状物。开美丽的玫瑰色或粉红色小花。花期在夏季。

马齿苋

别名：马齿菜、马苋　属名：马齿苋属
产地：温带、热带地区

喜充足的光照，夏季适当遮阴

每月施肥 2 ~ 3 次

生长适温为 20 ~ 24℃

每周浇水 1 次，保持盆土湿润

形态特征

马齿苋为一年生草本植物，株高 10 ~ 30 厘米，肥厚多汁，无毛。茎呈圆柱形，分枝较多，紫红色。倒卵形扁平叶呈马齿状，叶端圆钝，基部楔形，肥厚，互生或对生，颜色为淡绿色或带有暗红色。开黄色花。花期在 5 ~ 8 月。

雅乐之舞

别名：花叶银公孙树　**属名**：马齿苋属　**产地**：非洲南部

喜光，
日照要充足

生长期每月施稀薄
液肥 1 次

生长适温为
15 ~ 25℃

不干不浇，
浇则浇透

形态特征

雅乐之舞为多年生肉质灌木植物。植株较矮，枝干较细，株高 3 ~ 4 米，水平分枝。茎肉质，老茎灰白色，新茎红褐色。叶片肉质，交互对生，呈倒卵形，黄白色，中间为淡绿色，新叶叶缘还有粉红色晕。开淡粉色小花。花期在夏季。

栽培要点

雅乐之舞青翠秀美，常作盆栽，可摆放在客厅、书房、阳台、窗台等处，也可作吊盆。此外，老株的茎干苍劲有力，古朴自然，经修剪后，可制成树桩盆景。盆土宜选用疏松肥沃、排水性和透气性良好的沙壤土。每年春季翻盆 1 次。

沙漠玫瑰

别名：天宝花　属名：天宝花属　产地：肯尼亚、坦桑尼亚

喜光，
日照要充足

生长期每 3 ~ 4 周
施肥 1 次

生长适温为
20 ~ 30℃

盆土干透再浇，
不宜过多

形态特征

沙漠玫瑰为多年生肉质灌木或小乔木。植株高达 4.5 米，树干肿胀。叶片肉质互生，生于枝端，呈倒卵形至椭圆形，长达 15 厘米；叶端短而钝的小尖，近似无叶柄。花冠呈漏斗状，外密被短柔毛，裂片有 5 片，波状有边缘；外缘为粉红色至红色，中部则色浅；顶生总状花序，长 6 ~ 8 厘米，开喇叭形的花，花的数量较多，一般有十几朵。花期在 5 ~ 12 月。

栽培要点

沙漠玫瑰虽植株矮小，但形状奇特，根茎如酒瓶，花开似喇叭，受到人们的喜欢。可作地栽，种植在小庭院中，古朴苍劲，自然大方；也可作盆栽，装饰室内，别具一格。盆土宜选用富含钙质、疏松透气、排水良好的沙壤土。

水塔花

别名：火焰凤梨　**属名：**水塔花属
产地：危地马拉、墨西哥、巴西

喜光，
忌烈日暴晒

每月施 1 次腐熟的
稀薄液肥

生长适温为
16 ~ 24℃

生长期保持盆土
湿润而不积水

形态特征

水塔花为多年生肉质草本植物。植株丛生，高 15 ~ 20 厘米。茎肉质，直立生长，有时也稍呈匍匐状，密被白色长毛。叶片肉质互生，并密被白毛，呈长卵形，绿色或褐绿色。花生于茎顶，淡紫粉色。花期在春季、冬季。

蝴蝶兰

别名：蝶兰　**属名：**蝴蝶兰属
产地：中国、泰国、菲律宾、马来西亚

喜光，
忌烈日暴晒

生长期适当增加
水肥

生长适温为
16 ~ 30℃

见干见湿

形态特征

蝴蝶兰为多年生肉质草本植物。茎短粗，并常被叶鞘包围。叶片肉质，椭圆形，长 10 ~ 20 厘米，宽 3 ~ 6 厘米；叶端尖或钝，基部呈楔形，有时也稍歪斜，鞘短而宽；叶上部绿色，叶背紫色。花形似蝴蝶。花期在 4 ~ 6 月。

翡翠阁

别名：方茎青紫葛　**属名：**白粉藤属
产地：南非、印度及阿拉伯地区

喜光，
日照要充足

生长期适当施肥

生长适温为
15 ~ 25℃

生长期充分浇水

形态特征

翡翠阁为典型的葡萄科多肉植物。茎延伸生长，可达数米，匍匐分节。茎节4棱，棱脊角质化，有的平滑，有的稍呈波浪形。茎节之间有卷须和叶。叶呈心形，上有较深的缺刻，早落。花为绿色。

葡萄瓮

别名：象腿辣木　**属名：**葡萄瓮属
产地：纳米比亚、安哥拉

喜光，
日照要充足

生长期施肥
2 ~ 3次

生长适温为
15 ~ 25℃

生长期充分浇水

形态特征

葡萄瓮为多年生落叶灌木状肉质植物。茎顶端分枝多，基部膨大，茎皮淡褐色，剥落状。叶片肥厚宽大，簇生于茎顶，卵圆形，无叶柄，叶缘有不规则粗锯齿，上被白色毡毛，蓝绿色。总状花序，开黄绿色小花。花期在夏季。

白马城

别名：无　**属名**：棒捶树属　**产地**：南非、津巴布韦

全日照，
夏季适当遮阴

生长期每月施肥
1次

生长适温为
18 ~ 32℃

生长期每 2 ~ 3 周
浇水 1 次

形态特征

白马城为乔木状茎干类肉质植物，植株高 1.5 ~ 2 米，株幅 1 米。茎干基部逐渐膨大，整个植株的块茎呈酒瓶状。表皮为银白色，着生有灰褐色的长刺，且 3 枚为一簇。绿色的宽椭圆形叶，长 5 ~ 6 厘米，宽 3 厘米，以伞状簇生于茎端。开高脚蝶状的白色或淡红色花，花瓣中间有红色条纹。花期在夏季。

栽培要点

白马城一般以栽培观赏为主，其簇生于茎端的叶片，犹如一把打开的伞，非常漂亮。喜高温、高湿和强光，可用 1 份腐叶土、6 份河沙和少量的蛋壳等配成富含腐殖质且透水性良好的土壤栽培。繁殖方式可选择在春末播种繁殖，也可以用顶茎扦插繁殖。

多肉植物名称索引